自然大发现
系列

森林大发现

（奥）莱奥诺蕾·盖塞尔布莱希特-塔费尔纳 / 著

（波）卡西娅·桑德尔 / 绘　　　侯敬娟 / 译

ZHEJIANG UNIVERSITY PRESS
浙江大学出版社

图书在版编目（CIP）数据

自然大发现 . 森林大发现 /（奥）莱奥诺蕾 · 盖塞尔布莱希特-塔费尔纳著；侯敬娟译；（波）卡西娅 · 桑德尔绘 .— 杭州：浙江大学出版社，2018.1

ISBN 978-7-308-17339-1

Ⅰ . ①自… Ⅱ . ①莱… ②侯… ③卡… Ⅲ . ①科学知识 – 普及读物 Ⅳ . ① Z228

中国版本图书馆 CIP 数据核字（2017）第 214310 号

Die Baum-Detektive
Autorin   Leonore Geißelbrecht-Taferner
Illustratorin   Kasia Sander
Covergestaltung   PERCEPTO mediengestaltung
Satz   art applied, Münster
Notensatz   Ja.Ro-Music, Taunusstein
ISBN   978-3-86702-291-0

版权合同登记号   图字 11-2017-346 号

自然大发现：森林大发现

（奥）莱奥诺蕾 · 盖塞尔布莱希特-塔费尔纳 / 著

（波）卡西娅 · 桑德尔 / 绘   侯敬娟 / 译

选题策划	平 静
责任编辑	平 静 赵 伟
责任校对	杨利军　丁佳雯
装帧设计	鹿鸣文化
排 版	杭州兴邦电子印务有限公司
出版发行	浙江大学出版社
	（杭州市天目山路 148 号　邮政编码 310007）
	（网址：http://www.zjupress.com）
印 刷	浙江海虹彩色印务有限公司
开 本	889mm×1194mm　1/16
印 张	8
字 数	195 千
版 印 次	2018 年 1 月第 1 版　2018 年 1 月第 1 次印刷
书 号	ISBN 978-7-308-17339-1
定 价	40.00 元

前　言

如果我们开始探索事物，认真地追本溯源，就会发现其最深层次的奥秘。生命及与生命相关的一切，有着无穷的奥秘。

——阿尔贝特·施韦泽

你还记不记得有这么一棵树，在你的童年里占据着重要的意义？

我笃定，绝不会有谁会直接说"根本没有什么树"吧。如若是真的，即便对从小生活在城市里的孩子来说，也够让人觉得难过的。

我的那棵树，是一棵白杨。可是有一天，这棵杨树因为"长得太快"让人伐倒了，那天的我非常非常难过。一年四季里，这棵树曾经慷慨赠予我好多好多的礼物：春天里，有散发着树脂香气、让层层幼叶包裹住的叶芽；早夏时，又有青豆一样的蒴果，蒴果会一颗颗地裂开，撒出轻柔如云的白色杨絮；秋天的树叶有它独特的香气；自然还有杨树自己，托起了我们一座两层的树屋，还有一架秋千悠悠荡荡。

虽然一棵树能给我们的，常常微不足道，但此时我童年的记忆，关于这棵树，还有其他很多树木的赠予，却变得鲜活起来。

也许，有些人已经几千次、几万次地见过一棵七叶树开花，却头一次真正地注意到它。

这时你会发现，去好好地瞧一瞧这很不起眼的小花，会多么有趣！所有研究树木果实的人，以及日后想以此为业的人，在这本书里，都会发现宝藏。

自己没有种了树的花园，或者居住的周边没有森林的读者，也可以去植物园或公园里寻宝。你绝对不会空手而归。每棵树、每个时间段，都会让人找到相应的乐趣。不过秋天仍旧是所有季节里最特别的。

我想用两句严肃的话来结束前言部分：

就算树木会带来垃圾，我们仍旧要让它们挺拔伫立！

请让孩子们可以围着树跑、可以有树攀爬，让他们自己尝一尝、闻一闻、感受一下大自然！

在此，我预祝各位小侦探在阅读这本书时，在奇妙的树木世界里，会有令人激动的发现。

莱奥诺蕾·盖塞尔布莱希特-塔费尔纳

导　语

单单从外形上，每种树都有其独特的迷人之处。不仅如此，树木还会慷慨地赠予我们很多很多。它送的礼物我们可以很容易地在地上找到，当然有些人宁愿它们还挂在树上，而还有些来自树的礼物，有待我们自己去发现。

不论是落叶乔木、针叶树、专门生长在沼泽潮湿地带的树，还是生长在城市里的树，都期待人们的关注与探索。而"发现之旅"的第一个线索，就在春天里叶芽开始生长的时候。从这时起，每周都会有让你激动不已的新发现。各式各样的树木，会让我们真实地看到它们是如何"女大十八变"的：二月里棕榈的柔荑花序、四月里七叶树同时孕育了花与叶的树芽、六月里椴树又开了花……秋天的落叶乔木林里，更是精彩纷呈。即便是万物萧条的冬季，丛林侦探也别想闲着：有针叶树，实在是美事一件！

● 每棵树，都能或多或少地让小朋友发现其独到之处，这些信息，我都以通缉令的形式写在了书里。在通缉令里可以找到树木自己独有的"气质""能力"与"生存战略"，比如它们适应环境的能力、它们自身所含物质的作用、它们与动物共生共存的关系、它们本身的利用价值以及繁衍生存的独特方式，等等。

● 关于**实践**的内容，也是为体验这些特性而设的，自己用一些小型的户外实践去探索发现树木的这些特性，或者通过专门为此设计的游戏环节，让小朋友在游戏中体会和学习。

● 例如**做手工、与此相关的故事、歌谣**，以及一些简单易做的**菜谱**，都是每个章节的丰富补充。

阅读方法提示：

书中记录的所有最受小朋友们欢迎的树种，是按照各种树木的生长环境来分类的。最后一章则属于综合信息，在里面可以看到小朋友们在各种树木之间（包括在前面章节里没有提到的树种），可以进行的探索与尝试。

每章开端，皆以通缉令开始，让读者以最准确的角度认识这一种树，接收到诸如树的形状、叶子、花、树皮、果实等这些对一年四季探索非常重要的基础信息。

之后就可以开始发现之旅了。

每一章中，每种树的独特之处，都以通缉令的形式罗列。在通缉令里，可以找到每种树的特质与本领。

根据这些特性，书中延伸出了很多丰富的实践活动，让小朋友们将他们学习接收到的新知识运用到实践中去：玩游戏、烹饪、做手工、打理花园……

至于要做哪种实践，或是先做哪个后做哪个，小朋友们可以自行决定。

书中涉及的实践活动，也可以通过特定**主题**来划分：

"树汁"：桦树＋槭树

"五彩斑斓的秋季色彩"：槭树＋欧洲七叶树

"可以吃的树叶"：桦树＋椴树＋山毛榉

"飞行实践"：槭树＋椴树＋桦树＋欧洲鹅耳枥

"有趣的树皮"：橡树＋桦树＋椴树＋松树＋悬铃木

"万圣节"：杨树＋柳树

"首饰"：槭树＋橡树＋欧洲七叶树＋椴树＋落叶松

目　录

多姿多彩的树木

附录

落叶乔木

槭树——颜色之树

在普通人心中，槭树代表乐观与好心情——也许是因为它模样有趣的果实：槭树翅果。它们看着像螺旋桨，也像夹鼻式眼镜。而到了秋天，尤其是挪威槭，它们只会给人们造成一种印象：难以企及的美丽和如同画家的调色盘一般丰富的色彩。

通缉令

挪威槭

夏季呈绿色，落叶乔木。

绿踪何处寻?

植被茂盛的落叶林中（特别是山谷中两侧上）。

叶子

叶芽

花

果实

树皮

其余常见家用槭树种类：
欧亚槭树、栓皮槭树

欧亚槭树　栓皮槭树

树的形状： 圆形树冠，枝干偏短。

叶芽： 酒红色，鸡蛋形，形状粗厚。

树皮： 深灰色，遍布着纵向浅槽纹理。

叶子： 样子像人的手掌，5～7裂，叶尖尖锐，裂片间为柔和的弯形。

花： 黄绿相间，伞状花序，花期在叶子萌芽之前。

果实： 翅果，两枚，以平角位置分布两侧，每枚翅果只有一粒种子（小型坚果状）。

	四月	五月	六月	七月	八月	九月	十月	十一月	十二月
花期									
树叶发芽期									
果实期									
落叶期									

有何特别之处?

- 处在花期的挪威槭是蜜蜂最纯粹的蜜源树。
- 花期内，只有很少一部分花可以结出果子。果实太多，槭树会不堪重负。
- "一个妈妈两个孩子"：叶子属于对生，叶轴会衍生出两片侧生且紧紧依偎在一起的叶子。
- 若将挪威槭枝丫折断，会渗出白色汁液：这是为了防止虫咬而产生的自我保护物质。

槭糖浆（枫糖浆）

所有阔叶树，在抽芽前的四个星期，都会进入"蜜汁"期。树干内部的液体会渐渐处在超压状态。在这期间，可以在树上钻孔取汁。早春时节，树在抽芽期之前，有三四个星期的时间在分泌树汁。随后树叶吸收水分，以保证叶芽有足够的水分，使得树干内部的液体处于超低压状态，这时，树会突然停止分泌树汁。

所有槭树属树木的树汁，都含有糖分、味道发甜。而这些树种中，北美糖槭树汁的含糖量最高。只要轻轻在树干上钻一个浅浅的孔，就可以收集到树汁。将甜树汁蒸发处理，就能得到槭糖浆。树汁中的糖与其他物质，是槭树在抽芽期的备用养料，以保证槭叶在不断长大过程中或不断钻孔取汁给树造成伤害时的养料补给。所以万万不可在槭树抽芽期之前，为其剪枝。

槭树的嫩叶和花朵，都有甜甜的味道。很早以前的古日耳曼人*就已经在用栓皮槭树的嫩芽煮粥了。

*日耳曼人是一些语言、文化和习俗相近的民族（部落社会）的总称。这些民族四世纪以前生活在欧洲北部和中部。

试一试 & 尝一尝

甜甜的树

把这棵美味的树，从里到外尝个遍！

年龄： 5 岁以上

材料： 树干很粗的枫树、铁丝、半升装的塑料瓶、塑料吸管（尾部可以折弯的那种）、一把螺旋钻

适宜时节： 三月末四月初（约在槭树抽芽前的三四个星期）

贴士：

● 钻头的粗细与塑料吸管的粗细相匹配。

● 14 天内，一棵槭树可以奉献 40 升的树汁。取汁时间跨度，不要超过 14 天哦！

● 尤为重要的是：取汁结束后，将树干上的洞仔仔细细地堵上（例如，用同样粗细的小树枝），好让槭树不要太难过。

槭树汁

用铁丝将塑料瓶固定围绑在树干上，这样就可以收集树汁了。在瓶口的上方，用螺旋钻在树干上轻轻钻孔，直到第一滴树汁流出为止。然后将吸管上端插入树孔，下端插入瓶子里。

几个小时后，瓶子一定会满，你可以尝一尝树汁哦。这些收集来的树汁，味道甜甜的。

槭糖浆

如果收集了大量的槭树汁，便可以将槭树汁倒入锅内：小火慢慢熬煮，最后可以熬出甜

甜的槭糖浆。

再将槭糖浆冷却，这样，接下来的整整一年，都可以用槭糖浆来配麦片或者酸奶享用了。

槭树的花与嫩叶

（特指栓皮槭树和挪威槭）

槭树嫩叶尝起来，味道有些像酸模（俗名野菠菜，味道略酸），但更温和，更甜一些。栓皮槭树和挪威槭的树叶只有在很嫩的时候，就是还在叶芽未舒展开的时候，才可以食用，再晚的话，槭树叶味道便苦涩起来。

不论是嫩叶还是花朵，用来配沙拉或酸奶，都很美味。

色彩大师

说起在秋日里树叶的多彩程度，佼佼者非挪威槭莫属了：秋日里，再没有任何一种树的树叶，会在秋霜渲染之下，色彩如此绚烂，颜色如此多样。每年十月中旬伊始，槭叶的颜色由于"饱和度"的不同，开始逐渐呈现出暗绿、太阳金、火橙、亮红、深紫，最后是棕色。还不仅仅这些呢——还有带红色斑点或黄绿斑点的绿色枫叶——色彩大师全力以赴地贡献出斑斓绚丽的色彩。

只有生长在海拔较高地区的挪威槭，才会在秋季呈现出各式深浅不一的黄色烟花景象。因为树木会在秋季收起叶子中的色素（叶绿素），将其储存在细胞内。而在此之前，叶子中的其他色素都被浓郁的绿色盖住了。秋天时，叶子中的胡萝卜素释放出黄色，花青素则呈现红色，单宁会使叶子或多或少的有了棕色。红色素对挪威槭叶子颜色的影响格外大。

看一看

调色盘

画家五彩斑斓的色盘

年龄： 4岁以上

材料： 纸箱、剪刀、秋天里收集的各种颜色的槭叶、胶水、不用了的长筒丝袜

适宜时节： 约十月中旬

用纸箱剪出调色盘的模型；把槭叶表面的蜡质层好好擦拭清理，这样槭叶颜色会更鲜艳；将旧丝袜套在食指上，然后用食指在槭叶片上轻轻擦拭。

把槭叶按照颜色分类，将槭叶用胶水粘在纸箱色盘上。

贴士： 槭叶也可以用于下页中的"秋色王冠"游戏。

动动手 & 玩游戏

秋色王冠

槭叶叶柄非常有韧性，这个特性对于接下来要做的王冠编制可是十分理想的。

年龄： 7岁以上

材料： 大约70片多彩槭叶（叶柄不能太短）、金属细丝

适宜时节： 约十月中旬

先拿三片槭叶，将叶柄编成麻花辫的样式。如果编制时叶柄太短，就再拿一片叶子接上，保证编麻花辫的过程中，一直有至少三根叶柄。等到麻花辫的长度可以围头一圈时，在辫尾用金属细丝绑好。

可编种类：

● 编出各种各样色彩的纯色槭叶王冠（国王用红色，王后用黄色，王子则用彩色斑点混合色……），又或者做彩色王冠也可以。

● 槭叶花环：可以做脚环、手链、项链，还可以围在腰间做腰带。

贴士： 这个游戏用的槭叶，最好的当属挪威槭槭叶。因为这种槭叶叶柄最长，色泽也最绚烂。

槭叶花环的保鲜期很长。

啁啾作响的"夹鼻眼镜"

每颗槭树的果实，都有一对从中间往两边生出的翅膀。如果一对翅膀的翅根裂开，可以看到翅果的种子壳体。未成熟的种子有一层黏稠的保护层，一对翅膀分布在其两侧。

槭树翅果成熟了，会以单粒种子的形式下落，下落时如同旋转的螺旋桨叶片。不过，这螺旋桨的旋转并非通过什么驱动设备，而是完全由旋转过程中产生的气流驱动——与旋翼直升机的原理一样。下降约30厘米之后，翅果开始以每秒钟16转的速度旋转。旋转使翅果的下降速度减慢。这一点对于槭树来说至关重要，因为假如翅果从母体直接落在了树下，那么种子在槭树的树荫里根本没有存活下来的机会。

由于大部分翅果到了冬季仍旧挂在槭树上，翅果也会在凛冽的寒风中随风飘落，甚至还会突破一般的飞行距离（100米左右），落到更远的地方。

槭树的种类各有不同，其翅果上两个翅膀的角度，也各有其特点。

飞翔的翅果

用翅果体验一下飞行。

年龄： 3 岁以上

材料： 成熟的槭树翅果、纸张、直尺、剪刀、回形针

适宜时节： 秋天

站在高处（比如三层楼高度）让翅果自由下降，并且可以用：

- 完整的翅果（双翼）
- 已经开裂的翅果（即带单粒种子的翅果）
- 双翼还新鲜的翅果
- 双翼已经干了的翅果

哪一种翅果可以飞起来？

只有完全干透的翅果，可以如直升机一样旋转下降。先直线下降，之后会剧烈旋转下降，直到地面。观察不同槭树的翅果降落效果也非常有趣，比如美国小鸡爪槭的翅果，个头比较小，下落速度也会比其他槭树的翅果快。

为何？

翅果的三个结构特点，使得下降旋转成为可能：翅果的翅膀上部比下部宽、起到减震作用的翅缘以及种子的重量。下降时产生的重力与空气阻力，也使翅果两边翅膀开始旋转。处于旋转状态的翅果每下降 1 米，大约需要 1 秒钟。还未成熟的翅果因为果实还太轻，所以其无法顺畅旋转。

旋翼直升机模型

年龄： 5 岁以上

材料： 不同材质纸张、不同尺寸的回形针

在纸上画出旋翼直升机的尺寸图纸，沿线剪开、折叠。别一个回形针在贴纸上作为翅果果实的替代物。

飞行之前，两片机翼必须处于水平状态。

通过尝试用不同厚度的纸张以及不同尺寸的回形针折直升机，小朋友们可以自己找出飞机模型最合适的材料搭配及尺寸。

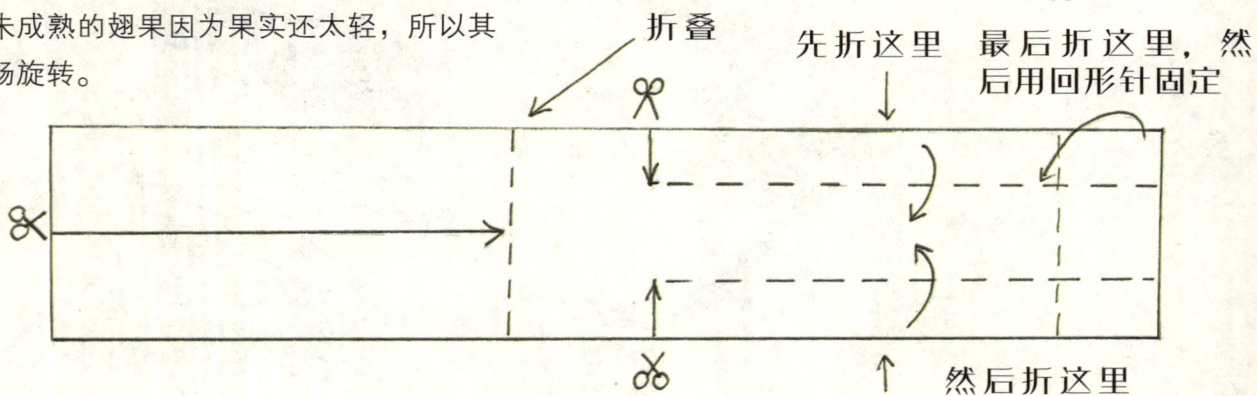

折叠　　　先折这里　最后折这里，然后用回形针固定

然后折这里

玩游戏

鼻子长角游戏

用槭树翅果可以让鼻子长出各式各样好玩的鼻角来！

年龄： 3 岁以上

材料： 未成熟的槭树翅果

适宜时节： 夏天

贴士： 只有用未成熟的绿色槭树翅果，才能玩这个游戏。成熟的翅果已经干枯，表面不再黏黏的。

另外： 用来做鼻角最好的是挪威槭翅果。

将翅果一分为二，用指甲把翅根处果衣拆开，把种子去掉。原本有种子的地方，会有些黏，这个地方可以很好地贴在鼻梁和耳垂上。

把几个翅果的翅膀，用不同的方式粘在一起，这样可以让孩子的鼻子越长越长，越长越古怪、好笑。

像这样，将原本生在一起的翅果掰开，或是用很多不同槭树种类的翅果，可以做出丰富多样的形状。

另外： 没有掰开的翅果，如果翅果表面的黏性还未消失的话，也可以用来当胡子！

游戏的种类：

● 在鼻角掉下去之前，谁的鼻角最长？一只角、两只角、三只角……而且还可以取名，比如"赵家"槭翅果、"钱家"槭翅果、"孙家"槭翅果……

● 谁的鼻角贴在鼻子上的时间最长？

● 谁的鼻角、耳环做得最好看？

● 谁的鼻角、耳环粘得时间最长？

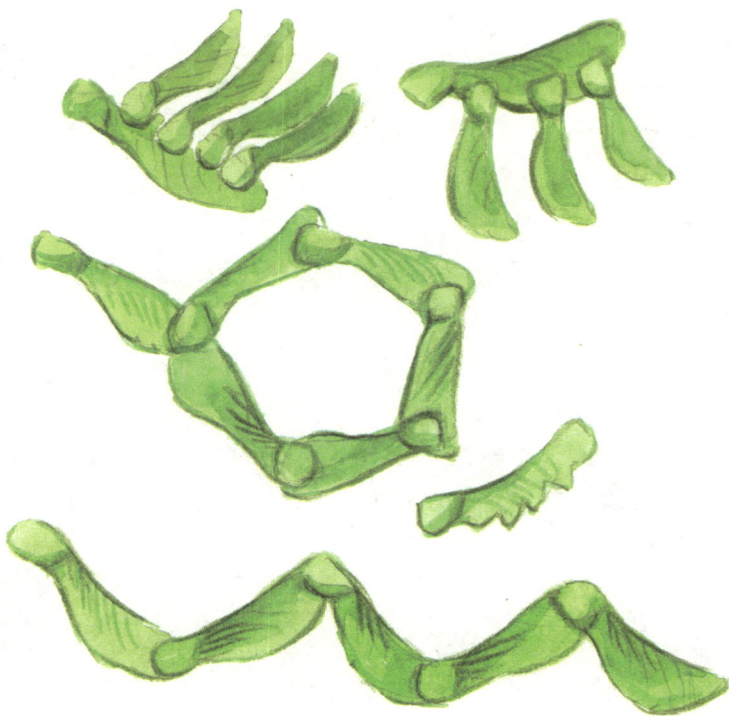

动动手

翅膀

给翅果插上想象的翅膀！

年龄：5 岁以上

材料：未成熟的槭树翅果、一把细尖的化妆剪刀、丙烯颜料、毛笔、金线或白线、胶水、椴树种子、绘图纸、彩笔

适宜时节：夏天

天使翅膀

将翅果用剪刀剪出不同样式的缺口（尖角形、锯齿形等）染成白色或金色，在翅果柄上，缠上金线或者白线。

如果把翅果做的天使翅膀挂在空调口上方，它就开始跳舞啦。

蝴蝶

取两个翅果，画得漂漂亮亮的，然后用胶水将两个翅果对称粘在一起。两个带柄的椴树种子，可以作为蝴蝶的触角。

给画添上翅膀

翅果的两个翅膀，可以贴在画纸的什么位置呢？

可以装在风车上、头发上，还可以当胡子、鹿角、鸟的翅膀、天使的翅膀、鼻子、直升机的桨片……将翅果粘在画纸上之后，把缺失的部分画完，完成上述所说的图案。

一些很特别的槭树树种

全世界范围内，有150多种槭树。其中尤为著名的当属产自加拿大本土的产槭糖浆能手——糖槭。由于加拿大槭树森林面积广阔，红色的糖槭叶成为加拿大国旗上最主要的图案，同时糖槭也是加拿大的国树。

在公园与植物园中，日本鸡爪槭也是非常受欢迎的树种。鸡爪槭的树枝长成扇形，槭叶则在秋季里变成浓郁的猩红色。鸡爪槭的槭叶干枯之后，样子非常像鹰爪。

血皮槭树则因为它月桂棕色的树皮而显得非常特别。血皮槭树的树皮在生长过程中会不断脱落，脱落处可以看到鲜橙色嫩树皮。

小鸡爪槭会在夏季坐果；秋天里，叶片变红而且发光。

复叶槭树是一种在北美地区常见的观赏树，有带白边的羽状复叶。

看一看

角度

有意识地观察槭树翅果的多面性！
年龄： 5岁以上
材料： 不同槭树种类的翅果
适宜时节： 从夏天开始

贴士： 在公园或植物园里都很容易找到翅果。

将收集来的各式各样的槭树翅果放在一起，比较各种翅果的颜色及翅果两个翅膀组成的角度。

从小鸡爪槭、落叶槭树、欧亚槭树、复叶槭树到栓皮槭树，它们翅果翅膀的角度一个比一个大。栓皮槭树翅果的角度几乎接近180度。有一种南欧产的槭树种类（蒙彼利埃槭树），它的翅果翅膀是交叉状的。

蒙彼利埃槭树

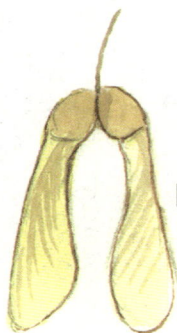

欧亚槭树

落叶槭树

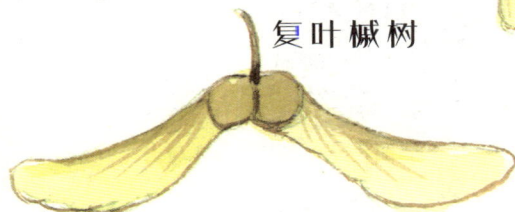

复叶槭树

小鸡爪槭

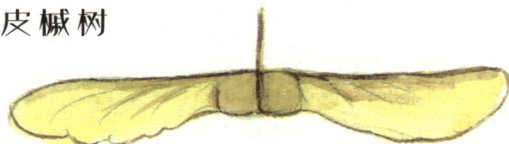

栓皮槭树

180度

桦树——光明之树

桦树对芬兰人和俄罗斯人的重要性，就如同橡树或菩提树对于某些国家一样。若是去这两个遥远的北国之地深度旅行，便会了然个中原因：那里漫山遍野伫立着桦树。即便是一年中的极夜时期，桦树也会在黑暗里呈现出亮白色的光芒。而这些地区的极夜，持续时间很长，所以，桦树也就自然而然成了"光明之树"。

通缉令

垂枝桦

阔叶落叶乔木，桦木科。

绿踪何处寻？

花园、公园、非农耕地区，并以森林的形式大片分布于斯堪的纳维亚及西伯利亚地区。

叶子

柔荑花序

♂
♀

树的形状： 树身主干修长，枝丫呈下垂状。
叶芽： 小巧，棕色，色泽如漆。
树皮： 白色，有光泽，遍布黑色横纹。
花： 柔荑花序（雄花下垂、雌花上扬），雌雄同株，风媒传粉。
果实： 圆筒形状、垂挂在枝头的翅果果序。

果实

干果

鲜果

苞叶

种子

树皮

有何特别之处？

- 雄花在秋季已经开花，雌花则跟树叶同期萌芽。
- 桦树的花属于光照花系，开花时及之后都需要大量的光照。桦树雌花绝不愿在其他树木的树荫之下。
- 桦树生长极快，但树龄最高只能到一百岁。
- 桦树对自己的生长环境完全不挑剔，甚至可以在排水沟之间抑或是墙体裂缝之中生长。

	四月	五月	六月	七月	八月	九月	十月	十一月
花期								
树叶发芽期								
果实期								
落叶期								

桦白色——白桦树

桦树最鲜明的标记，是它的浅色树干，这是由一种类似树脂的物质——白桦树脂导致的。

白色树干，是对其本身习性的一种的适应：桦树在各式各样的树中，属于开路先锋之一，通常由它们先到草木不生的瓦砾、蛮荒之地，安营扎寨，开拓疆土。桦树可以忍受酷寒低温的特性，使得它们成为遥远的北国腹地最常见的树。这样一来，树干浅浅的颜色，就有了非同寻常的意义：在北地寒冷的冬季里，太阳每天升起的角度很低，甚至会与树干成垂直角度直接照射到树干上，这样会使树干内部的温差非常大。如果没有白桦树脂强大的反光能力，桦树会由于过大的温差出现轻微裂缝。树干的表面常常会分泌白桦树脂，最大程度上保护树皮不受雨水渗透、不为气候侵蚀，也能防止动物的啃噬。

这一特性，也为北地的居民充分利用：在斯堪的纳维亚地区，就有房屋用桦树皮做屋顶。拉普人则用桦树皮编篮子、做披肩及鞋子，而印第安人会用桦树皮制作独木舟，在紧急情况下，还可将桦树皮磨成面粉呢。

看一看＆摸一摸
白色分泌物

桦树会像蛇一样脱皮。当然，桦树脱皮时也需要一点外界的帮助，所以，寻找桦树的白色分泌物才会好玩又有趣，而且桦树永远不会让人空手而归。

年龄：5岁以上
材料：中年桦树

将树干最表层像纸张一样薄的树皮撕下，用手指擦拭表皮下的新树皮，会摸到一种白色物质：桦树树脂。

桦树树脂具有斥水性，想检验这一点很简单，只要试着将鲜桦树皮蘸湿，就会发现，水珠纷纷滚落，树皮仍旧保持干燥！

另外：桦树树脂也可以帮助治疗皮肤病，在保养护肤产品中，也可以见到。

桦树会有规律地脱去自己最外层已经老化的树皮，老皮脱落后，又会有雪白的新皮成为表层树皮。这一点从产于北美的纸皮桦身上很容易观察得到。被砍伐过后的桦树树皮非常容易剥落，所以桦树树皮的收集工作就简单得多。而树龄高的桦树树皮，若有很深的凹槽和很厚的树痂，皮就很难剥下来了。

白色系作品

桦树脱落下来的树皮，可以有多种用途：做圆环形物件，照着模子剪出一些图案、物件，或在树皮上写字，或做一盏光明之树树灯。

年龄： 4 岁以上（成人可以部分参与协助）

材料： 桦树树皮、木材黏合胶、晾衣夹子、饼干模子、果酱玻璃瓶（即透明圆柱形玻璃瓶）、小蜡烛、打孔器（包括各种不同造型）、胶水、剪刀、圆珠笔、（不带格）白纸笔记本、深色彩纸、手工用细铁丝或细线

如有条件可以准备清漆。

贴士： 书写效果最好的，要数纸皮桦的树皮。如果做完手工后，在作品上刷上一层清漆，会使作品更加有光泽，也可以保留得更长久。

桦树树皮手工作品

圣诞树挂件

用饼干模子做模具，在树皮上描出形状，每个样式两个，然后将形状剪出来。两片一模一样的树皮，白色朝外，中间粘贴起来，粘之前，将手工用细铁丝或者细线放在中间。

神奇的桦树树皮水杯

用很多层桦树树皮卷成袋状，在袋子的末端用木材黏合胶粘牢，并用晾衣夹子加紧，一直到胶水干掉。如果这个纯天然水杯漏水或是渗水的话，再拿一层桦树树皮包起来。

邀请卡

在桦树树皮做成的邀请卡上写字，这是非常容易的。

餐巾环扣

带横条纹的桦树树皮，可以卷成一圈，末端用黏合胶粘住。

笔记本封面

将一本空白笔记本用桦树树皮包起来，便是一份很美的礼物。

桦树灯

用剪刀将桦树树皮剪出造型，围在透明圆柱形玻璃瓶上，在玻璃瓶里放一个小蜡烛即可。

夜间的桦树

用桦树树皮贴在深色的纸上，做出桦树树干和树枝的造型。

桦树小熊

用几块大的桦树树皮，剪出小熊各个部位的样子，粘在一起，胶水干掉之前，用晾衣夹子固定住。

桦树汁

早春时节，如果在桦树上钻一个孔，会有清澈的汁液从孔里流出来。汁液里含有丰富的矿物质和葡萄糖，这是桦树的营养物质。春季时，桦树树干里的液体会形成一股超压，这样每年春天，在没有任何外力帮助下，从每棵树上，可以收集到140升的树汁。到了桦树树叶发芽时，树干内的超压以及相应的树汁分泌会突然停止。如果在分泌汁液期为桦树剪枝，会导致桦树死亡。

另外： 仅仅从剪断的枝丫处，也可以收集桦树汁。这个时候，桦树就会不住地"流眼泪"。

桦树汁有一股淡淡的甜味，可以直接饮用，也可以加入柠檬汁或者葡萄酒混合饮用，或者加入洗发水中使用。

未经加工过的桦树汁，即便是冷置在冰箱中，也只能保鲜几天而已。古日耳曼人对桦树非常地崇拜，相信喝桦树汁可以永葆美丽、长生不老。而北欧人则掌握了酿造桦树蜜酒的技术，自然也常常喜欢享用一杯桦树酒。

试一试，摸一摸＆尝一尝

钻孔取汁

特别适合兑入柠檬汁，还有头发护理——只要钻孔取树汁就好，很简单！

年龄： 3岁以上（在大人的协助下）

材料： 桦树（树龄不要太小）、可以折弯的铁丝、塑料瓶、螺旋钻、合适的吸管以及软木塞

适宜时节： 约三月中旬至四月中旬（直到桦树发芽之前）

用螺旋钻在树上钻一个1～2厘米深的洞，如果钻得太深，收益不如因此对桦树带来的伤害大，得不偿失。一旦见到有树汁流出，立刻停止钻孔。

在钻出来的洞口下方，用铁丝固定住塑料瓶。将塑料吸管一端插入树洞，一端插入瓶口。根据树干粗细不同，每天至少可以收集到1升的树汁。

重要提示： 收集完树汁之后，一定要将树洞再堵起来（用软木塞或者粗细合适的树枝），这样的话，桦树不至于受到太多伤害。叶子发芽期结束后，树洞又可以"接受访客"，"拔掉瓶塞"时，还会再有树汁流出！

桦树汁是护理头发的良剂，洗发后可以使用，也可以继续加工成桦树柠檬汁！

桦树柠檬汁

材料：
75毫升桦树汁
1个橙子（未经过任何处理）
2个丁香
1根月桂

料理方法： 将橙子皮剥除，橙汁榨出。将桦树汁与橙子皮、丁香、月桂一起加热之后，加入橙汁。天然桦树汁本身就略带甜味，所以不需要再另外加糖。

适宜热饮。

桦树绿意

无论是古时还是今日，人们总喜欢将苏醒过来的春天请进人类生活中：桦树绿意——剪下桦树细枝并插起来，将桦树树枝缝在节日服饰上，或是插在教堂门口迎接新婚夫妇，再或者放置在他们的新房里。

当桦树萌芽吐绿，它的叶芽摸上去还有些黏黏的，不管闻起来也好、尝起来也好，桦树都有股雪柏的味道。桦树叶芽和桦树嫩叶都含有丰富的维生素C、黄酮素以及糖分。桦树叶芽茶对于咳嗽很有疗效。桦树叶芽茶也可以治疗各种尿路疾病。长期饮用此茶，可以起到净化身体、清理血管的作用。虽然桦树嫩叶可以食用，但味道很苦。

尝一尝

有味道的绿色

尝尝桦树叶芽和桦树嫩叶！
年龄： 5岁以上
材料： 桦树叶芽或桦树嫩叶
适宜时节： 四月月初到月末是最理想的叶芽采摘时节。根据不同的天气与树的高度，叶芽刚刚萌芽的时候，可以采摘。那时叶芽表面还处于黏稠状态。

桦树叶芽茶

1汤匙桦树叶芽，250毫升开水，浸泡10分钟。茶水呈黄绿色，散发出美妙的雪柏香气。味道浓郁、微甜。桦树叶芽茶对咳嗽有很好的疗效。如果采集来的叶芽没有马上泡茶饮用，亦可以晾干保存起来。干叶芽的味道与新叶泡出的茶味道相近，但新叶味道更浓郁一些。

芬兰桦树叶芽调味汁

一款非常特别的调味汁，适用于鱼类与肉类。

材料：1汤匙桦树叶芽、1汤匙蜂蜜、100毫升热蔬菜高汤、200克白色鲜奶酪

将桦树叶芽与蜂蜜放入热蔬菜高汤中，搅拌混合之后冷置。加入鲜奶酪后，用搅拌棒打成糊状。

桦树叶调味品

冰岛居民很喜爱用这种调味品，作为调味盐的替代品。

将桦树叶晾干，用手搓碎。

可以作为调味料在煮汤时使用，也可以抹在食物表面，或者放入沙拉。

亦可用来煮茶。

太脏了！

桦树，并非"爱干净"的树。几乎全年的时间里，桦树都在扮演一个慷慨的垃圾赠予者。

若遇上狂风天气，桦树会损失很多很多的柔软枝丫，就是所谓的桦树软枝。花期时，桦树又免费散播大量的花粉。每个花蕾大约有500万个花粉颗粒。这些黄色花粉会覆盖住早春的阳台、窗台，所有的车也都被染成了黄色。花粉散播期过后，又是"小香肠收获期"。雄性花苞贡献出了自己所有的花粉，便再无用处，遭到遗弃。

自七月起，一直到秋天，会有数以百万计的"迷你蝴蝶"从树冠脱落翩然落地。这些小蝴蝶，便是脱落的雌性花苞——苞片与翅果，可随风飘到很远的地方。在最密集的地方，每平方米会有5万枚飘落！这个庞大的数目，对于桦树这类树中开路先锋来说，是它们能够存活蔓延的关键。从十月份开始，就有缤纷繁多的秋叶，离开桦树母体，飘落而下。

桦树这般的"慷慨"，使得城市里的桦树，常常扮演邻里之间的"惹祸之树"。能"好好利用"桦树这个特性的人，可以用桦树做出例如扫帚、"小香肠"地毯、"小香肠乱炖"等其他很多很多"诱人"的东西。

唱一唱

桦树真麻烦

作词及作曲：约根·盖塞尔布莱希特

1. Der Früh-ling bringt uns fri-sches Laub, es wächst und grünt der Ra-sen. Die
2. Der Som-mer bringt den Blü-ten-traum, die Schmet-ter-lin-ge flie-gen mil-
3. Der Herbst bringt Ga-ben der Na-tur und manch-mal Kai-ser-wet-ter. Die
4. Der Win-ter bringt uns Glit-zer-schnee, der fällt zum Weih-nachts-fes-te. Doch

Bir-ke macht nur Blü-ten-staub, der kit-zelt uns-'re Na-sen. Ha-tschi! So
lio-nen-fach vom Bir-ken-baum, und blei-ben un-ten lie-gen. Knisch, knirsch. So
Bir-ke a-ber schenkt uns nur Ge-bir-ge vol-ler Blät-ter. Rsch, rsch. So
von den Bir-ken fall'n, o weh, auf uns-ren Kopf die Äs-te. Autsch, autsch! So

en-det die ers-te Stro-phe: Bir-ken sind ei-ne Ka-ta-stro-phe!
en-det die zwei-te Stro-phe: Bir-ken sind ei-ne Ka-ta-stro-phe!
en-det die drit-te Stro-phe: Bir-ken sind ei-ne Ka-ta-stro-phe!
en-det die vier-te Stro-phe: Bir-ken sind ei-ne Ka-ta-stro-phe!

春姑娘给我们带来新叶，
还有青青绿野，
桦树却只会制造花粉风暴。
让人鼻子痒个不停，阿嚏，阿嚏！
第一段可以这样结束：
桦树真是麻烦的树！

夏姑娘给我们带来花的海洋，
桦树却放出万万千千的蝴蝶花序。
纷纷落地不移不动，咯吱，咯吱！
第二段可以这样结束：
桦树真是麻烦的树！

秋姑娘带来大自然丰馈的礼物，
不时还有万里晴空、深邃无垠。
桦树却给我们落叶成堆，咔嚓、咔嚓！
第三段可以这样结束：
桦树真是麻烦的树！

冬姑娘从天空洒下闪闪雪花，
一直到圣诞节还在下。
桦树上场了下什么呢，哎哟！
一根树枝砸在了脑袋上。
第四段可以这样结束：
桦树真是麻烦的树！

动动手

桦树扫帚

如今只有很少的人，还在拿桦树柔软的枝丫，即所谓的扫帚枝，来做扫帚了。新做出来的桦树扫帚非常轻便，但是在粗糙的石子路上，就很难扫起东西来。当扫帚上的柔软树枝被磨去了，剩下的都是粗硬的树枝时，倒是可以去打扫粗糙的路面。而完全老旧的桦树扫帚，则可以用来点火。有大风的话，只要吹过一次之后，收集来的桦树枝就足够做一把笤帚了。

年龄： 6 岁以上

材料： 桦树枝、花园用剪刀、榛树棍、软铁丝（包扎用金属线）、绷带、儿童用便携式小刀、绳子

贴士： 因为从树上新落下来的树枝还非常柔软，所以只有这样的树枝才可以使用。

将桦树枝收集成捆，在树枝较粗的一边捆绑成束之后，用剪刀把树枝末端修剪整齐，用铁丝捆绑扎实。在铁丝的位置往下一手掌宽度的位置，再捆一层铁丝。为了能让扫帚站立住，用脚在捆好的树枝上使劲踩踏，之后再用铁丝绑紧。

把多余的树枝修剪干净、修齐。最后在用铁丝绑牢的一边，插入一根榛树棍，扫帚就做成了。

桦树枝相片梯

若收集来的桦树枝比较少，就可以做相片梯。

将柔软的桦树细枝（至少五根，也可以多些）切成 15 厘米长短，在两端各用细铁丝捆实。然后将一捆一捆的桦树枝，如同一个多层秋千一样，用一根绳子串起来。然后将自己最喜欢的照片轻轻地放进去。

这样的梯子，也可以在冬天里挂在室外，挂上做成球的鸟食，让鸟儿站在梯子上享用冬日大餐。

相片梯

桦树扫帚

果实之剑

在苞片上会有许多带了翅膀的种子，藏身于圆柱形的果序里。这些种子在夏末时会成熟。将这些种子分解开的话，会有小小的惊喜。

年龄：6 岁以上

材料：雌性果序

适宜时节：六月到七月

贴士：因为要将果序分解开，所以使用的果序不能太过紧实，处于半紧状态即可，采摘最好的时间段是在果序从绿色转换到米色时，也就是"夏季果柱"。自八月起，它们就会自行脱落。

将果柱小心翼翼地一点点分解开。如果将果柱在分解之前晾干，那么分解时会容易很多：高出叶会自行裂开，果柱也因为干燥而蓬松。这时再分解，种子和高出叶就会自行大量脱落。最后，就只剩下一根"锋利的长剑"了，也就是果柱本身。那些蝴蝶形状的微小种子，还有个头比种子足足大一倍的高出叶，之前就如同被"锋利的长剑"串起来的一样。

秋天时，蝴蝶形的果实会自行从果柱脱落，只留下果柱孤挂枝头。一直到冬天，果柱也落了。

桦树小矮人

一个从肤浅的塑料玩具世界脱身的很好的方法。

年龄：3 岁以上

材料：一面锯出大斜角的一段桦树枝（约20 厘米长，直径 7 ～ 10 厘米）、聚丙烯颜料、毛笔

如果有条件的话，可以准备清漆。

在桦树枝斜断面上画出小矮人的脸、小矮人的胡子以及小矮人的帽子。如果想在大风或雨雪天气里，也能把小矮人放在花园里的话，要给他上一层清漆才行。

桦树小矮人 —— 保龄球

材料：9 个桦树小矮人、1 个实心小球

桦树小矮人特别适合用来玩保龄球。

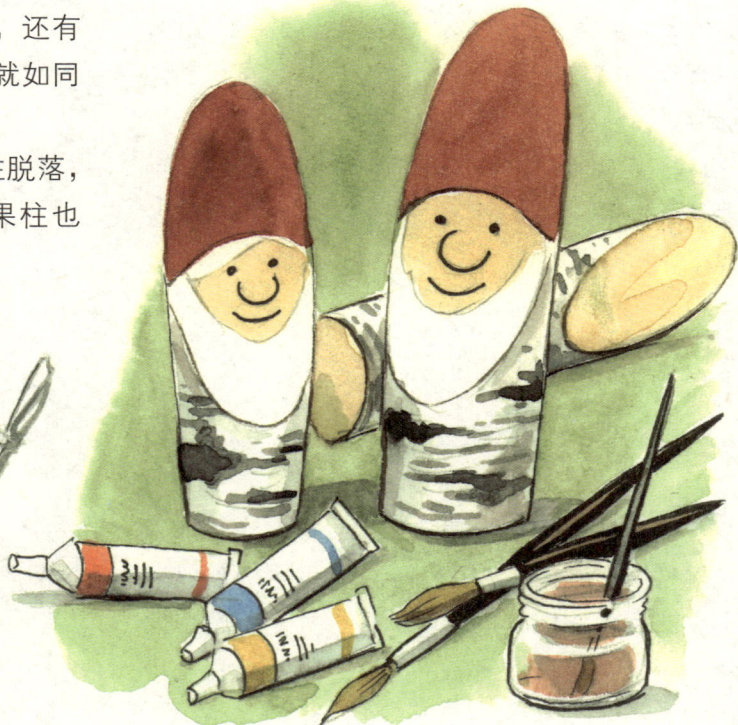

山毛榉——盖树厅之树

你有没有徒步穿越过一整片山毛榉森林？没有吗？那你现在一定要跟上哦！因为走过山毛榉森林的感觉，就像穿过一座宏伟又昏暗的大教堂。阴暗沉郁的森林"大厅"里，地面上也会长出有趣的玩意儿来。

通缉令

欧洲山毛榉

落叶乔木，壳斗榉科。

绿踪何处寻？

山毛榉森林或混合树种森林（还有橡树和欧洲鹅耳枥）。公园里有单棵山毛榉，灌木丛中也可见到。

叶子

叶芽

树皮

花 ♂

果实

种子

有何特别之处？

- 刚长成不久的嫩叶，边缘有细长的白色"睫毛"。
- 山毛榉中，只有一种欧洲山毛榉的突变树种——紫叶山毛榉会长出红色的叶子。而欧洲山毛榉名字中的"红色"*，源自其发红的木头。
- 日照对山毛榉来说并不十分重要。而山毛榉喜阴的特性，使这个树种的老树也可以再度逢春。这一特性，比橡树在生存竞争中更胜一筹。
- 山毛榉的枝丫越是修剪，越能生出浓密的灌木（欧洲鹅耳枥也一样），可以做篱笆。山毛榉篱笆上的叶子，会一直留到第二年春天。

*欧洲山毛榉的德语 Rotbuche 中的"Rot"意思为"红色"。

	四月	五月	六月	七月	八月	九月	十月	十一月
花期								
树叶发芽期								
果实期								
落叶期								

可怕的落叶大军

一株山毛榉的树冠大到惊人：它可以覆盖 500 平方米，长出 20 万片叶子。

而从山毛榉叶片自萌芽到下落的过程中，也可以清晰地观察到：春季，从几乎不对称的叶芽里会长出鲜嫩、浅绿色，并且还可以食用的春叶来。

叶子长到夏季时，会变成光滑皮革或纸张一样的质地，颜色也会转至深绿，使得山毛榉森林，成了阴森暗沉的"树荫大厅"。

冬天的大雪，会压落山毛榉叶子，使它们在地上沉淀成一层 5 厘米厚的落叶层。来年春天时，土地里的各个生命，要想冲破这厚厚的落叶，需要很大很大的力气。因为落叶缤纷而下之后，就再也没有阳光可以穿透进来了。

山毛榉会形成大量树荫的特性，从它光秃秃的底部树干就看得出来，底部长出来的毛枝，都因为长期缺乏阳光而枯死了。

摸一摸 & 看一看

闭合状态下的叶苞

再也没有什么别的树，会像山毛榉一样，有那么狭长那么尖细的叶苞了。从夏天起，它们已经在为来年做准备了。所有的新生叶片，都由像瓦片一样叠在一起的外皮保护着。

可以把山毛榉的叶芽"抽丝剥茧"地解剖开来。

年龄： 4 岁以上
材料： "长大成熟了"的山毛榉叶苞、花瓶
适宜时节： 约四月末

先用手感受一下山毛榉叶苞，很长，很尖。

将叶苞上的"瓦片"（山毛榉外皮）一片一片地揭下来。瓦片底下，小小、浅绿色、皱皱巴巴叠在一起的嫩叶清晰可见。

取一枝未有任何损伤的山毛榉，放置于花瓶中，观察叶苞变化：叶苞会像鸟儿缓缓舒展开羽毛、张开翅膀一样开放。这时，就可以将叶子作为"可以吃的树叶"食用了。

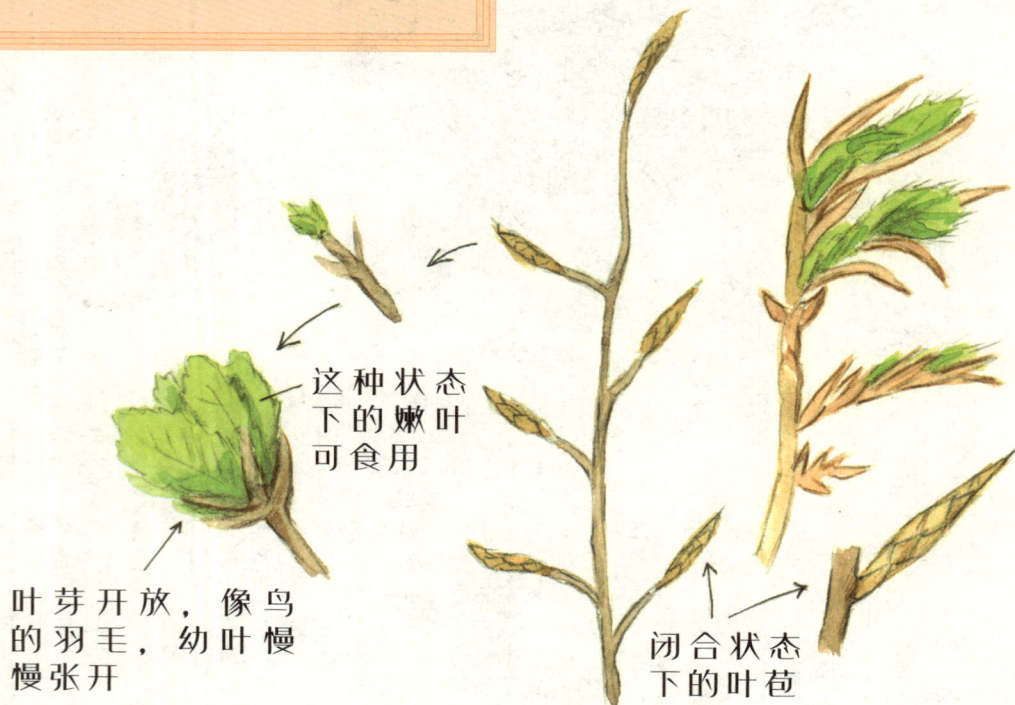

这种状态下的嫩叶可食用

叶芽开放，像鸟的羽毛，幼叶慢慢张开

闭合状态下的叶苞

山毛榉贝斯

虽然真实的贝斯只有琴颈部分可以用山毛榉木来完成，其余的琴体部分则用橡木和枫木。但是山毛榉的叶子形状却与贝斯非常相似。

年龄：5 岁以上

材料：大的山毛榉叶子、胶水、黑色防水笔、清漆喷雾

将山毛榉叶子夹在杂志之间，压实，等到叶子干了，可以剪出贝斯的轮廓。再拿另一片叶子剪出低音贝斯其他的部件（参见图片）。这个图案可以贴在盒子上、笔记本上，再喷些保护漆，就是非常好的装饰物，或者塑封起来做书签。

树叶的骨架

因山毛榉叶子结构简单，而且叶片也非常结实，所以山毛榉树叶非常适合用来"制作骨架"。

年龄：6 岁以上

材料：山毛榉树叶（如果没有，也可以用杨树叶替代，特别是欧洲山杨树）、水、苏打、煮锅、不用的旧牙刷、木板

贴士：最好用已经略微发霉老化的山毛榉树叶（叶片已经变软），这种树叶多在厚雪之下，或是用已经经历霜冻的叶子。

将树叶彻夜浸泡在苏打水中（在半升水中加入两汤匙苏打），第二天将其煮沸。

将叶子放在木板上，用牙刷将已呈黏稠状的叶肉表层刷下。

重要提示：一定要沿着主叶柄，顺着叶脉的方向，往下小心翼翼地将叶肉表层轻轻刷下。

当叶肉全部刷下后，叶脉会在已经透明的叶子上清晰可见。

将叶子在暖气上放置 5 分钟，再用杂志将其夹紧。

只剩骨架的叶片，很像做工精细的纺织品，可以在上面用五彩的颜色作画。

落叶狂想曲

山毛榉落叶发出窸窸窣窣的响声，可以用来吓唬别人，让别人猜这是什么，还可以让别人摸一摸……

材料： 山毛榉森林（或者一棵大山毛榉树）、干枯的榉树落叶

适宜时节： 秋天

落叶猜谜

年龄： 7岁以上

材料： 秋天的榉树落叶、手电筒、白墙

用枯干卷曲的榉树树叶，可以做出很多古怪或是让人毛骨悚然的形状来，比如：风中的旗帜、起舞的小象，抑或风浪中的小舟、无脸的妇人等。

每个孩子自己从一片落叶中，找出隐藏在叶子里的形象，想一个"名称"，让其他小朋友来猜是什么。

或者每个小朋友，随意从篮子里拿一枚落叶，在一面白墙前举起来，将手电筒照上去。墙上影子会对大家"说"：你想去哪里旅行一次啊？你会得到一个什么宠物啊？如果你可以变身一次，你想变成什么呀？明天会在你身上发生什么事呢？

落叶划船比赛

年龄： 5岁以上

材料： 秋天的山毛榉落叶、胶水

找两片树叶，一片未枯卷，一片枯卷，用两片树叶可以很简单地就做出一艘惟妙惟肖的小船出来。卷起来的叶子作帆，粘在用来做船身未卷的叶子上。

到家附近的一条小溪边，就可以举行划船比赛了。

吱吱作响的"床"

年龄： 3岁以上

材料： 秋天的山毛榉落叶；如果有条件的话，可以准备一台数码相机

请一个小朋友，躺在山毛榉树下，别的小朋友就将落叶堆在他身上，只留下两只眼睛。将这幅景象用相机拍下来，回家便可以跟家人一起玩"猜猜我在哪里"的游戏。

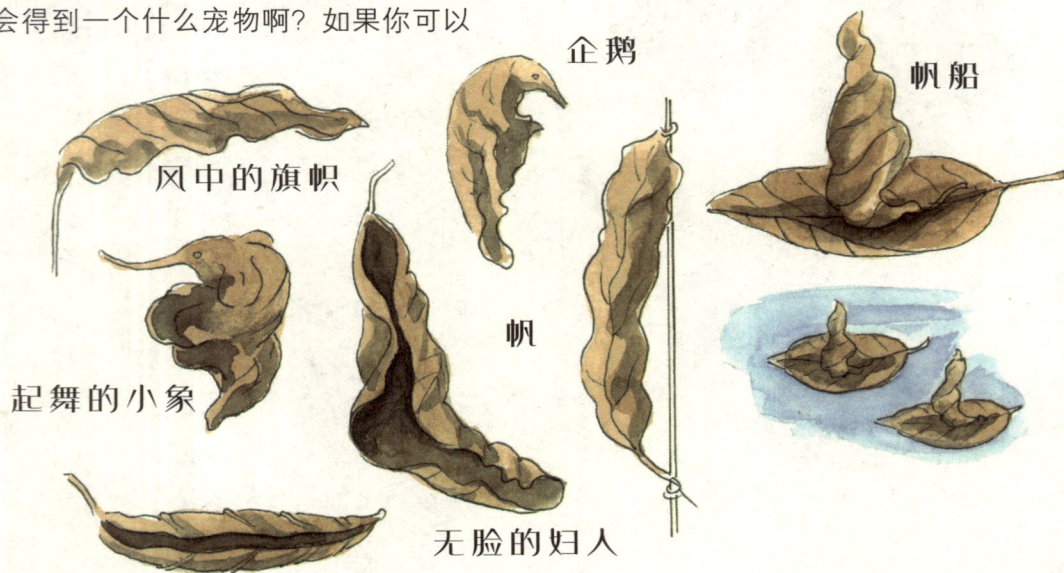

风中的旗帜

起舞的小象

企鹅

帆

无脸的妇人

帆船

Buch (en) stabe（字母 *）

在所有德国本土树种中，欧洲山毛榉的树干是最平滑的。所以，这也非常吸引人来靠在它们身上，或是在它们身上刻字。在道路旁或公园里，树干上刻了字的山毛榉肯定不在少数。

古日耳曼人刻字时并不会长篇累牍，而是将他们自己非常神秘的字母（鲁内文）刻在榉树枝上。若要寻占问卜，只需将几根短小的榉树枝扔到地上，从这些树枝上判断出事关未来的预言。这些预示未来的图形，由三根树枝组成。这也就是"字母"一词的由来。

早时的印刷工艺中，欧洲山毛榉和欧洲鹅耳枥也会用来制作单个的字符。

*Buch（en）stabe，德语单词，意为"字母"，每一个德语单词，都是由不同的字母组合而成的。而"Buchen"就是"山毛榉树"的意思，"stabe"则是"细棍""细枝"的意思。正如上文中提到，古日耳曼人将三根山毛榉细枝扔到地上，根据其形成的图像来占卜未来。这是德语中"字母"一词的最初由来。

榉树预言

年龄：6 岁以上
材料：一堆榉树枝（直径约 1 厘米）、儿童用小刀、白毛巾

在每根榉树枝上各刻上一个字。

每人从一堆榉树枝中，随意抽出几根，扔到白毛巾上。榉树枝上的字能组成一个现实中存在的词语吗？这个词是什么意思？

如果扔出来字不能组合成为一个词的话，可以再扔一次。

游戏棒

年龄：5 岁以上
材料：10～30 根榉树枝（长短大致相同）、儿童用美工刀

用美工刀在树枝上刻上不同的数值（一道、两道或者三道圈），把树枝末端削尖。

游戏棒游戏需要的道具，就完成了。

扔树枝游戏

年龄：3 岁以上
材料：每人一根榉树小细枝

小朋友们一同站在一条起跑线上，各自将小细枝横放在脚面上，使劲甩出去，看是需要甩一次，还是反复多次，才能使细枝到达终点线。谁第一个到啊？

长胡子的中国人

炎炎夏日里的天然电冰箱！
年龄：3 岁以上
材料：粗壮的山毛榉树
贴士：山毛榉树林里，有很多"长胡子的中国人"。

榉树的树皮质感非常像大象坚硬的皮肤。所以榉树树干天生就是要人在它身上靠一靠的。再没有别的德国本土树种，有榉树那样平滑、清凉的银色树皮了。特别是在炎热的夏季，靠在它身上会让人很舒服。

山毛榉树森林里，树干底部的树枝，全部会因为缺少阳光而枯死。现在回到"中国式胡子"的话题：两根树枝之间的树皮，会在生长过程中，被推挤到一起，形成的弯弓形状的树疤，看起来非常像"中国式的胡子"。因为榉树树皮很薄的缘故，树疤会格外清晰可见，且可见期很长。如此一来，榉树树干上，就会有很多很多"胡子"了。

山毛榉果实

山毛榉果

　　榉树的果实是多刺的绿色壳斗型果实，成熟时会由绿色变成棕色。每年从九月开始，由于天气干燥，壳斗会自行开裂成四瓣，两粒闪闪发光、红棕色、尖锐的三角形种子（棱角型）会从中脱落。种子会像所有自然下落的果实一样，撞到地上，甚至蹦开一段距离。

　　山毛榉果中含有大量的油脂。古代时，山毛榉果是非常重要的猪饲料。为了能让山毛榉多结果子，那时人们会有目的地对榉树的树冠进行剪枝。因为这个缘故，当时的山毛榉树有了其个体独特的"柳树树貌"。待到山毛榉叶子落了过半，古时的人们会拿块布铺在树下，然后拿一根木杆在树上敲打。这样做，是非常有必要的，因为直到霜降时节或是大雪覆盖时，质量上乘的山毛榉果都更愿意待在自己的壳斗里。为了收集来的山毛榉果能够更好地储存，人们会把果实晾干，甚至还会用30℃的温度进行烘干，之后储存在透气的袋子里。

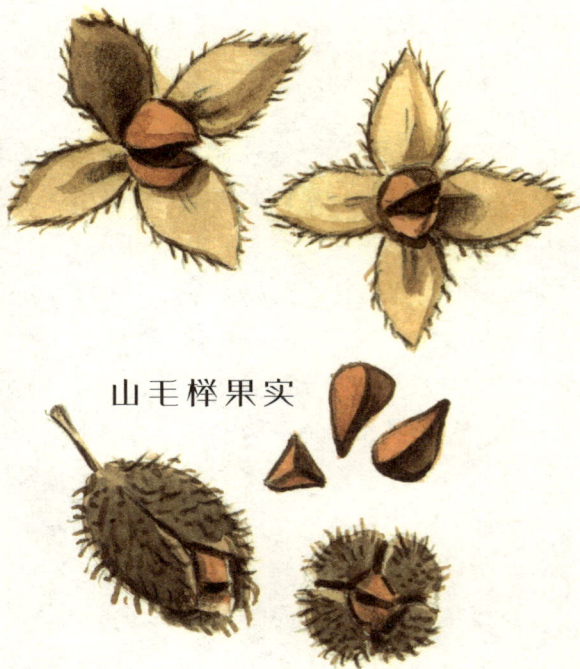

看一看

果壳一开，星星闪现

妙不可言的惊喜！

年龄：3岁以上

材料：还未完全成熟的山毛榉壳斗

适宜时节：早秋时节

贴士：只有里面包有山毛榉果的壳斗，剥开时才会有这么"惊心动魄"的效果！没有完全成熟的壳斗，只有在它们从树上被摘下时，才会开裂。

收集未成熟的壳斗，然后放在一处干燥的地方，注意观察它们的变化。

最晚一天过后，这些壳斗会自行裂开，变成四瓣星星的样子，在壳斗的中央，便是山毛榉果了。

山毛榉壳斗小动物

到了秋天，会有很多很多的山毛榉壳斗纷纷落下。这些都是非常棒的免费手工材料。

年龄： 5 岁以上

材料： 已落在地上并且空了的山毛榉壳斗、防水笔、黏土、胶水、大米、硬纸板、水彩颜料

适宜时节： 秋天

用一双巧手，做出很多很多小动物：

● **一群大象：** 壳斗的果柄做象鼻，壳斗做大象的身体，眼睛用防水笔画出来，或是找两粒种子粘上，象牙就用大米来代替，压黏土捏出大象耳朵和屁股。做一群大象时，可以将后面一头大象的鼻子（果柄）插进前面一头大象的屁股（黏土）中。或者也可以将每一头大象剪成两半，然后粘在硬纸板上。

● **兔子：** 兔子的身体，就用几个壳斗叠插在一起，然后用黏土捏出兔子脑袋。兔子的腿和耳朵，可以用壳斗制作，粘起来或者插起来，都可以。

● **山鹬：** 这种鸟的喙很长，可以将山毛榉壳斗纵向剪成两半，贴在硬纸板上。再把山鹬的眼睛和周围的风景画上，就好了。

山毛榉斜塔

山毛榉的壳斗可以非常容易地叠插在一起。

年龄： 3 岁以上

材料： 从山毛榉树上落下的已经空了的山毛榉壳斗

适宜时节： 秋天

壳斗的柄朝上，小朋友们可以每人一个壳斗，逐个地往上叠插。

轮到谁的时候，斜塔会倒呀？

山毛榉斜塔

大象

黏土做头

兔子

山鹬

尝一尝

森林的味道

好好用山毛榉果制作食物，会得到非常精致的美味，味道与花生或松子相似。

年龄： 3 岁以上（在大人的协助下）

材料： 山毛榉果、厨房用刀、装满水的煮锅、平底锅、铲子、盐

适宜时节： 九月末到十一月

把山毛榉果在沸水中滚煮。果实外面的棕色外皮煮过以后会变得软软的，此时可以用刀轻轻地将棕皮剥掉。白色的果仁上面还覆盖了一层棕色薄膜，这层薄膜可以食用。

将果仁放在平底锅里（不放油），炒至少 5 分钟，期间要不断翻炒，最后放盐。这时，就可以尝一尝"森林的味道"啦！

贴士：

● 山毛榉果中含有少量有毒物质生物碱和单宁酸。晾干、烘烤、翻炒的过程中，这些物质会消失。生山毛榉果不能多吃。摄入过量会导致头痛和消化不良。

● 那些遭虫子钻了的壳斗还有干瘪空了的壳斗会首先从山毛榉树上脱落。等到美丽干燥的秋天过后，健康成熟的山毛榉壳斗才从树上脱落。最佳收集时间应在九月末到十一月（秋天里，如有狂风扫过森林，就可以去收集山毛榉壳斗了！）。

● 山毛榉果产量非常不稳定。差不多每七年才会遇到一个山毛榉果丰收年。

山毛榉树的萌芽

山毛榉果从树上脱落之后，会竭尽全力抑制自己萌芽。在冰冷潮湿的地上待足三个月之后，等到春天，山毛榉果会在地面上发芽。在这一时节，山毛榉树下到处可见这种刚萌芽的山毛榉果。山毛榉胚芽由两片肉质肥厚、肾脏形状的子叶组成，两片子叶会呈水平方向生长，一起慢慢长成两片悬挂的叶子。子叶的形状与日后的山毛榉叶完全没有相似之处。山毛榉胚芽也可以在大树的树荫下存活。

尝一尝

可以吃的树叶

食用山毛榉叶，无论对人类还是动物来说，都有着悠久的传统。山毛榉树经常让人"剪枝"，也就是说，被剪成了残废的山毛榉。其嫩枝和叶子，被人做成草荐放在马厩里，当作过冬的饲料。剩下的山毛榉树，浑身疙疙瘩瘩，样子变得非常怪异。

年龄： 3 岁以上

材料： 发芽期的山毛榉

适宜时节： 四月底五月初

孩子们可以自己尝尝鲜嫩的山毛榉叶。刚刚发芽的树叶比较柔软细嫩，如"婴儿的皮肤"。长大的叶子味道发酸，味道有点像酸模（即野菠菜）。再晚些，叶子变硬，质感像纸张。味道最好的，是那些发芽过后还未完全舒展开的叶子。在古代，"年轻"的山毛榉叶常常用来作为蔬菜的替代品供人食用。

味道最好的，当属深绿色的山毛榉胚芽，只要它们还处于子叶状态就可以。春天在山毛榉下，这种胚芽随处可见（当然要在山毛榉果丰收年之后）。子叶有种淡淡的坚果香气。

种一种

山毛榉嫩苗

非常实用：要是苗出得太多，可以吃掉！
年龄：5 岁以上
材料：山毛榉果、一个里面装上沙子的容器
适宜时节：秋天

秋天，去山毛榉下收集壳斗。将还处在关闭状态下的壳斗放在温暖干燥的环境中储藏，直到壳斗裂开，山毛榉果掉出来。将山毛榉果放在湿润的沙子里，置于室外三个月。春天时，把发芽的山毛榉果取出来种上，用土和落叶盖起来（无光条件下萌芽）。

如果发芽的山毛榉果太多，可以将子叶食用（见"用嫩芽做成的美味"，第 44 页）。

贴士：春天时，在山毛榉树下捡到的壳斗里如果还有山毛榉果的话，可以马上把它种下去，它会长大的。不过大多数坚果都让老鼠啃掉了。

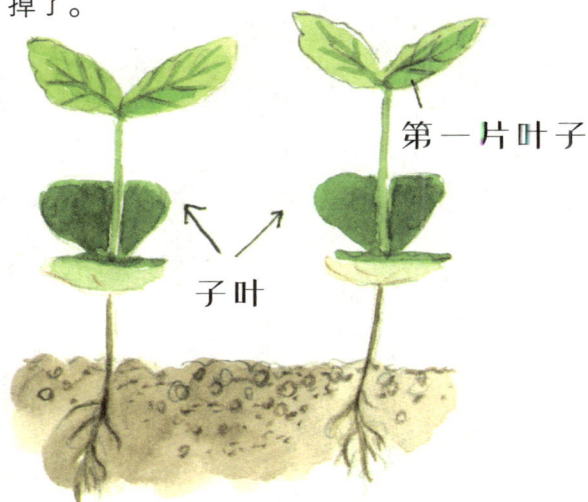

白色表亲

欧洲鹅耳枥原本只是欧洲山毛榉的远房表亲，它其实属于桦木科。欧洲鹅耳枥树叶虽然与欧洲山毛榉的树叶相似，但其有多出两倍多的尖锐锯齿。山毛榉与桦树会在同一时期开出柔荑花序，但它的果实比桦树的果实要大得多。欧洲鹅耳枥的种子坐落在三片"翅膀"中间。欧洲鹅耳枥也称为"白枥"，因为它的木头颜色非常浅。同时它还是非常有利用价值的品种：它是德国本土树种中密度最大的（每立方米欧洲鹅耳枥重达0.8吨），常常用于制作码头上的夯桩工具、琴锤还有肉店里的砧板。欧洲鹅耳枥的树干也非常特别：木质层本身有纵向的银灰色条纹，使木头看上去像肌肉发达的手臂。树苗一旦冒出地面，就可以长出强壮的侧枝。欧洲鹅耳枥的树叶，一直到来年春天还挂在枝头，像一只只倒挂的蝙蝠。

第一片叶子

子叶

欧洲鹅耳枥

果序

♀ 柔荑花序

第一片叶子

♂ 柔荑花序

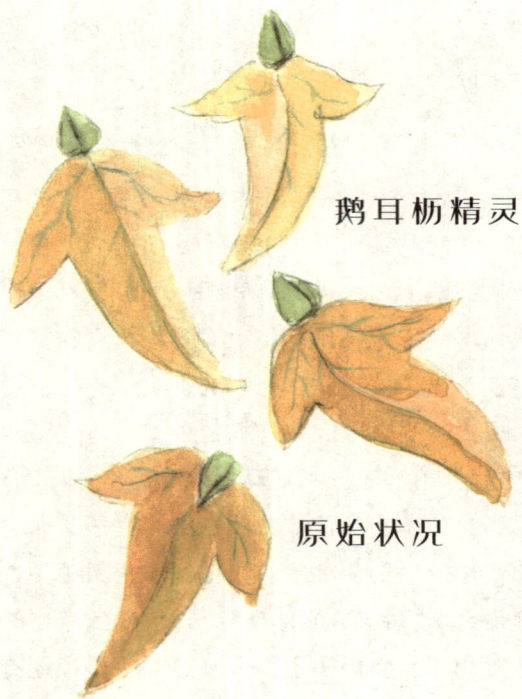

鹅耳枥精灵

原始状况

鹅耳枥精灵

欧洲鹅耳枥的果实，像挂在树上的一串串小灯笼，成熟时，会变成带有三片翅膀的果实。从树体飘落时，它们很像旋转的小螺旋桨，很容易做成精灵。

年龄： 6 岁以上

材料： 欧洲鹅耳枥果实、手工用胶、鹅耳枥树枝、棉线

将欧洲鹅耳枥果实上的小坚果取下，并粘在翅形果实上端。把棉线穿过精灵的脑袋，挂在鹅耳枥树枝上。等到有风吹来，因为这些"精灵"的不对称性，它们会在风中翩翩起舞。

给小孩子的一些建议

鹅耳枥果实最原始的样子，也可以看作"缩脖子的精灵"，它们有"旋转的本领"。

标枪

早在古日耳曼人的时代，人们就知道利用坚韧的鹅耳枥做标枪。

年龄： 6 岁以上

材料： 鹅耳枥树枝（越直越好、5～8 毫米粗、没有旁枝）、花园用剪刀、孩童用小刀、防水颜料

将鹅耳枥树枝剪成段。树枝是否坚韧、是否坚硬以及树枝的轻重，在裁开这些树枝时，就可以感觉出来。如果树枝上有旁枝、侧枝，还有树皮，也一并剥除。

树枝末端，用小刀削出一个尖，把木尖用颜料染成不同的颜色。让标枪"嗖嗖"地穿过飞镖盘（飞镖盘见第 68 页）。

标枪

橡树——面包之树

　　浑身结满树疤、高大、结实——这是橡树的特性。不过人们也可以用橡树做游戏、做手工，甚至还可以做面包。这些特性，小朋友要自己亲自发掘。尤其是遇上一个橡果丰收年，橡果成群结队地从树上"不小心栽跟头"掉到了地上时，更不能错过发掘体验的机会。

通缉令

夏栎

落叶乔木，属壳斗科。

绿踪何处寻？

落叶乔木林、泛洪区河岸硬木森林、公园等。

皇冠形叶芽

叶子

花

果实

树皮

无梗花栎果实

北美红栎果实

树的形状： 树冠与树干皆布满树疤，结实健壮。
树皮： 布满纵向裂缝，灰棕色。
叶子： 单叶互生，倒卵形，叶缘呈不规律圆钝锯齿形，分瓣，叶子底部形状像不平整的耳朵。
叶苞： 浅棕色、椭圆形、表面有光泽，叶苞与叶苞排列紧密，呈皇冠形。
花： 雄性柔荑花序（先开花），雌性花序（花期比雄花晚，与树叶萌芽同期），风媒传播。
果实： 单粒坚果（橡果），有带柄壳斗包裹。

其他常见橡树树种： 无梗花栎
　　　　　　　　　北美红橡（栎）

	四月	五月	六月	七月	八月	九月	十月
花期							
果实期							
树叶发芽期							
落叶期							

有何特别之处？

- 新生的橡树树叶褐红偏黄，可食用，香气浓郁。叶子长大一些以后，味道发苦，由于叶子中的单宁酸含量增多而具有轻微毒性。
- 橡树生性喜光：在成长过程中，橡树需要很多光照。只有在对于榉树来说太过干燥的地区，橡树才得以"攻城略地"。与榉树森林相比，橡树林比较稀疏，而且有很多地面植被。
- 橡树家族中最特别的一种，便是终年长绿的地中海区橡树，即软木橡树，它的树皮为软木瓶塞提供了原料；另一种地中海区橡树树种冬青栎的果实，则可以直接食用。

单宁酸

橡树的树皮、树叶、橡果及木质虫瘿中，都含有大量的单宁酸。这也就是橡树可以在风吹、日晒、雨淋等各种天气状况下都能安然屹立的原因。菌类也侵害不到橡树。不仅木桶皆由橡木制作，连木质框架房屋也使用橡木。所以，无论是阿姆斯特丹或者威尼斯，橡木木桩几乎随处可见。当橡木中的单宁酸和水中的铁盐相遇，会使橡木格外坚硬结实，且会使橡木变成深黑色。沼泽橡木的形成，也是由于这个原因。在沼泽里横躺了几百年的橡树树干，后来被人类取了出来。这种橡树可以活到一万年，所以这些橡木应该是冰川时期之后的第一代橡树。

以前，制革工人会使用橡树嫩枝上的树皮，将动物皮制成的皮革保存期延长。民间，也会有人将橡树皮煎成汁，来治疗皮肤病。对于伤口，橡树皮汁也有很好的消炎作用。不过一旦将汁抹在皮肤上，皮肤会被染成黑色。所以在现代医学中，多使用经提取的单宁酸。

摸一摸＆试一试

橡树皮足浴

春天，树汁增多，橡树皮中的单宁酸含量会格外高。

年龄： 6岁以上

材料： 早春时节长出的橡树嫩枝，如有条件，可备烘干设备

适宜时节： 三月到五月

将橡树嫩枝上树皮剥落，放在通风的地方或用烘干设备烘干。之后可以用树皮做如下尝试。

橡树皮足浴

将橡树皮用水煮沸。用煮出的棕色汤汁来泡脚。橡树皮汁能收紧皮肤，并可抑制细菌的扩散与再生，对治疗脚气也有很好的作用。

颜料

如果布料经过预酸洗（加入14%的明矾，然后使其在湿润的状态下放置三天，之后清洗），橡树皮可以将其染成红棕色；如果没有经过预酸洗，橡树皮可以将其染成黄色。先将橡树皮浸泡三天，然后煮三个小时，之后放冷。布料用小火煮一个小时。之后就可以染布料了。

贴士： 只用较嫩的橡树皮。如果橡树皮放置太久，它的单宁酸含量会下降。

可爱的小帽子

橡树的雌性花最后会结出橡果，像是戴了一顶帽子（壳斗）的鸡蛋。夏栎的橡果上有一根长长的柄。橡果成熟以后，就会从壳斗里中掉出来，因为它光滑的椭圆形体形，落地后会滚得很远，所以它有个"滚果"的外号。

橡果的壳斗，也称为"小帽子"或者"拱顶"，可以说是做手工和玩游戏时的"万金油"。由于橡树的种类不同，其壳斗也可以用来做哨子、小碗、灯、玩偶、迷你陀螺或者钹等。橡果多半是双生的，所以也称为双胞胎小壳斗。

动动手 & 玩游戏

帽子发布会

每种橡树，其橡果壳斗形状都不一样，很酷吧！

年龄： 3岁以上

材料： 不同橡树的橡果（在秋天的公园里，可以收集很多不同橡树的橡果）、小玩偶或人形小木偶、橡皮泥

有条件的话，也可以再准备胶水和聚丙烯颜料。

适宜时节： 秋天

收集不同的橡果，用橡皮泥或胶水把壳斗"小帽子"固定在小玩偶身上。小玩偶也可以在毛坯件上画出来。

北美红橡的壳斗很像法式礼帽，土耳其栎的壳斗则像一顶毛皮帽。当然了，玩这个游戏时，也可以将其他树种家族的壳斗拿来用，例如山毛榉和栗子等。

听一听 & 玩游戏

壳斗哨子

橡果壳斗既可以做成真哨子，也可以做成假烟斗！

年龄： 3岁以上（假烟斗和假钹），6岁以上（真哨子）

材料： 橡树壳斗及夏栎的橡果、药棉或杨絮

真哨子

两只手握成拳头，挨在一起，所有的指头的第二关节紧并在一起。将橡树的壳斗像小碗一样，放在两只手的食指与大拇指之间，约大拇指第一个指关节的高度。随后，在两根大拇指中间，就形成了一个三角形的缝隙，可以从这个缝隙间吹出哨子的声音。

吹哨子时，最好不要直接冲着壳斗吹，而是离壳斗有点距离，这样会吹得更好。多练习几次之后，就可以吹出悦耳的哨音了。

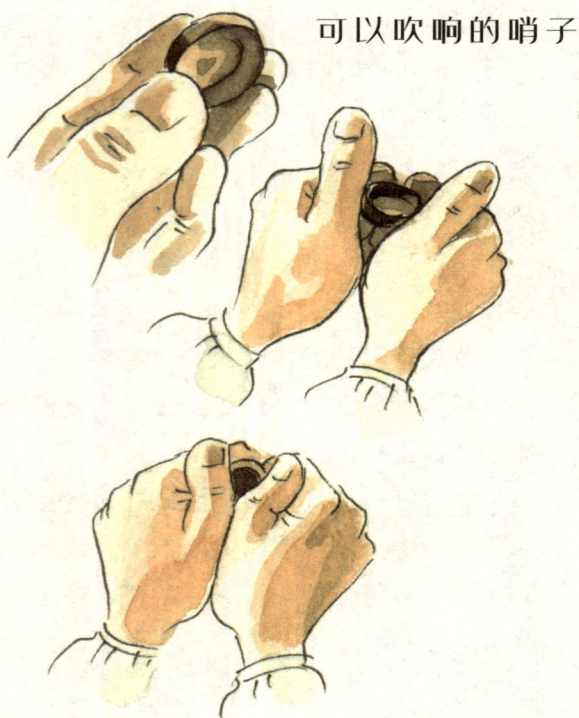

假烟斗

用夏栎带柄的壳斗，可以做烟斗。药棉、杨絮可以做出烟斗需要的烟。

烟斗接力赛

孩子们人手一个"不中空假烟斗"（里面有橡果），分成两队。当裁判哨声响起（比如用壳斗做的哨子），两队各有一人，嘴里衔着带橡果的烟斗往前跑，跑到终点再折回，第二个接力跟上。如果在跑的过程中，橡果掉到了地上，则要返回去重新跑。

哪一组会赢呢？

钹

拿两个一样大小的壳斗，互相敲击。因为壳斗是中空的，所以敲击时会有"咔咔"的声音。

可以吹响的哨子

橡皮烟斗

钹

动动手

壳斗手工艺品作坊

壳斗用处很大，用它可以玩很多好玩的游戏！

年龄： 5岁以上

材料： 不同橡树的壳斗、橡果、手工用胶、橡皮泥、橡树叶、橡树枝、杨树蒴果、防水笔如有条件，可以准备聚丙烯颜料。

适宜时节： 秋天

孩子们首先要做的，就是要自由放飞自己的想象力，不要设任何界限。

器皿： 用一两个壳斗，就可以做成小碗、小杯子或者小锅子……

家具： 灯（两个带柄的壳斗），椅子（四个双生壳斗、两片橡树叶）以及桌子（两个北美红橡壳斗、两个橡果、一片橡树叶）

小动物： 毛毛虫（五个夏栎壳斗、一个橡果、一片橡树叶），猫头鹰（双生壳斗、橡果、白杨树蒴果），马（五个土耳其橡树壳斗、三个橡果、两根橡树枝）

小玩偶： 三种做法
- 三种不同大小的北美红橡壳斗
- 拿一个壳斗反粘在红色橡果上
- 三个壳斗，两个橡果，粘起来

贴士： 年纪小一些的孩子可以用橡皮泥，这比用胶水容易操作。当然，这样做出来的玩具保存时间就要短一些。用胶水粘贴时，孩子们需要大人的帮助，因为胶水需要很久才能干。

棋子

杯子

碗

台灯

橡皮泥

桌子

毛毛虫

猫头鹰

椅子

小马

橡果与聪明猪的故事

所有橡树种类的橡果，都可食用，而且还有很多的营养成分。橡果中不仅含有丰富的碳水化合物，还有蛋白质、脂肪、糖和单宁酸。一直到二十世纪末，橡果都是最重要的猪饲料，而且还会被磨成粉，混入到面粉中供人食用。为了去掉橡果中自含的单宁酸带来的苦味，通常要将橡果放在水槽中，对橡果进行春化处理*。经此处理，橡果会更容易被消化和吸收。同样，将橡果去掉壳斗、用水浸泡，也可以降低橡果中的单宁酸含量，因为单宁酸是水溶性的。

野猪可聪明了，它们绝不会吃森林里落下的第一批橡果，因为这些橡果里的单宁酸对野猪来说太多了。它们会用嘴拱起布满落叶的土堆，然后把这些橡果埋进去，好让橡果可以发芽。一旦橡果发芽，损耗了单宁酸，野猪就回来享用美味。当然总会有一些被野猪遗落的橡果，这些橡果就会破土发芽长大。

每 6～10 年，会有一次所谓的"丰收年"：在这一年的第一个下霜之夜过去之后，大量的橡果会纷纷落地。这次橡果的丰收，其实是橡树本身"脱光"以求生存的一个方式。所有的橡果原则上都可以发芽。只要橡果没有干枯，大约六个月之后就会进入发芽期。

* 春化处理指为了促进花芽形成，对发芽种子给予一定时间的低温处理的行为。

看一看

给橡果染色

橡果越成熟，其单宁酸含量就越高。
年龄： 5 岁以上
材料： 夏天还未成熟（绿色）的橡果
适宜时节： 夏天起

随着不断地成熟，橡果的颜色会由绿色转至黄色最后变成棕色。

拿一个绿色橡果，日复一日，观察它色彩的变化。

夏末时，橡树下会有很多成熟程度不同的橡果。从这些橡果上，也可以看到橡果颜色的变化过程。那些绿色橡果肯定全部是空心的。不过因为单宁酸的含量不断增加，所有的橡果最后都会变成棕色。

咖啡配饼干

让咖啡和饼干散发一种非常特别的香味。

年龄： 5 岁以上（需要大人的协助）

材料： 成熟的橡果、坚果钳、水、咖啡研磨器、磨粉器或研磨臼、滤纸、用于过滤的容器

适宜时节： 从第一年冬天到第二年春天

贴士：冬天或春天收集来的橡果，用手就可以将其壳剥掉。而整个冬季都裸露在外面一直到春天才收集起来的橡果，其单宁酸已经损失了很大一部分，这时的橡果味道发甜，可以生吃。

橡果粉的制作

将橡果用坚果钳去壳，连带那层棕色的薄膜和果仁上发黑的部分一起去掉（也可以用热水浇在橡果上，然后用毛巾轻轻将这层薄膜搓掉），切成小粒。

将橡果颗粒浸泡在水中，水立刻变成棕色。再换水、浸泡，如此反复几次，可以将橡果内的苦味去掉。更快的方式是将橡果颗粒反复烹煮（五次换水，约煮 30 分钟即可），但这样也会使一些营养元素流失。反复换水直到水变清澈，不再变棕色，将橡果颗粒放在一块布上，晾干。然后将橡果颗粒放在烤盘上，放入预先预热到 120 摄氏度的烤炉中，烤 20 分钟左右。这时橡果会散发出类似栗子的美妙香味。

将烤好的橡果颗粒放入咖啡研磨器或者研磨臼里，磨成细粉。橡果细粉便可继续用于咖啡或饼干的制作了。

橡果壳首饰

用橡果壳做戒指、耳环——这是我们的祖奶奶那一辈人，小时候打发时间的游戏。

年龄： 3 岁以上（使用剪刀时，有必要让大人帮忙）

材料： 橡果、木板、锯齿刀或小型锯子，如有条件，可准备聚丙烯颜料

将橡果放在木板上，用锯子或刀，将橡果的棕色外壳横切两次，为了让果壳在切或锯的过程中不开裂，可以留橡果仁在壳内，但是橡果仁不必锯穿。这样，锯开的三部分橡果壳可以有各种各样的用途。

戒指： 橡果壳的中间一段可以做戒指。

耳环： 取橡果壳的中间一段，在一侧开槽，夹在耳朵上，就可以了。

指帽： 用尾端尖尖的一部分橡果壳，就可以做指帽了。

所有"首饰"其实都可以用聚丙烯颜料画成自己想要的样子。

橡果咖啡

一杯橡果咖啡只需要一汤匙橡果粉即可。将橡果粉放在滤纸上，将开水慢慢地浇在上面，会有清香的味道，如同坚果味的咖啡。

橡果饼干

材料： 50 克橡果粉、50 克粗面粉、40 克糖、40 克黄油、1 个鸡蛋、1 小撮盐

菜谱： 将所有材料均匀地混合在一起，和好面团后放置一个小时。把面团揉成一个长条（直径约 3 厘米），然后切成约 7 毫米厚的面片，放在烤盘上，用 180 摄氏度烤制 10 分钟即可。

贴士： 橡果粉因为没有发泡（不含面筋），所以本身不黏稠。要加入其他面粉作为"黏合剂"，才能做成需要的面团。

动动手 & 玩游戏

橡果陀螺

只有有着敦实的外形结构的北美红橡橡果，才能够转起来。

年龄： 5 岁以上

材料： 北美红橡橡果、手钻机、牙签、胶水、硬纸板、剪刀、彩笔、横切带年轮的木片（约 2 厘米厚）

选出形状相似的橡果，在较圆的一端钻孔。在钻出的孔里插入牙签，并用胶水固定。牙签就当作陀螺杆。

七彩陀螺

用硬纸板剪出一个圆形纸盘（直径约 10 厘米），然后在上面画出色块。旋转时，这些颜色会混在一起。

北美红栎

陀螺占卜

这个需要带年轮的横切木片。每个小朋友想一个可以用数字来回答的问题。然后将陀螺放在木片的中心（作为起点）开始旋转，直到陀螺停下来。从年轮的最外边一圈，数到陀螺停下的地方，就是答案。

陀螺占卜可以回答的问题：

考试会有几分？

我今年会旅行几次？

妈妈会给我买几件生日礼物？

（问题还有很多很多哦！）

强大的橡树

单单以其树根的样子，橡树就成了权力与强大的象征：粗壮的树干上，布满有力的褶皱，向外张开、杂乱无章、密密匝匝的枝丫，组成了一个让人难以置信的树冠。橡树属于直根系树木，可以在狂风暴雨中屹立不倒。在古罗马，英雄与胜利者头上佩戴的桂冠，不仅可以用月桂，也可以用橡树叶制作。

《格林童话》中勇敢的小裁缝*，就利用了一棵雄伟的大橡树，用障眼法骗过了巨人。橡树的树龄可达一千年之久，所以橡树常常在古代用作祭拜及纪念场所。

古日耳曼人认为橡树树叶是长生不老的象征。他们这样认为，可能是因为橡树树叶整个秋天都挂在枝头，即使之后落下，也只会慢慢变成红色。

*取自《格林童话》中《勇敢的小裁缝》：小裁缝跟巨人比力气，两人共抬一棵倒地的橡树。小裁缝让巨人抬树干，自己抬树叶一边。趁着巨人将树干扛在肩上，小裁缝藏身在密匝匝的枝丫中。由巨人扛着前行。橡树非常沉重，巨人力气耗尽，将橡树从身上卸下时，小裁缝从树枝中跳下来，趁机取笑巨人，赢了比赛。

动动手 & 玩游戏

树叶迷彩

北美红栎和夏栎的叶子，即使干枯了，也不会萎缩卷曲，一直平滑挺直。这是做树叶迷彩最好的材料。用叶子做好的迷彩"布料"，可以做成衣服，也可以做成秋意浓郁的桌布。

年龄：5 岁以上

材料：北美红栎或夏栎的树叶（银杏叶也可以）、麻布或粗糙的床单、木头用胶或热熔胶、剪刀

重要提示：

● 使用热熔胶必须由大人操作！

● 北美红栎的叶子形状硕大，用这种叶子制作布料，速度会更快。

选一个干燥的秋日，孩子们一起去收集树叶。

● 如果要做一块秋意浓郁的桌布，可以将收集来的栎树叶子，像鳞片一样排列，并粘在麻布或床单上。

● 要做迷彩伪装服的话，要提前在床单上剪一个洞，以便能穿在身上。之后再将树叶鳞片排布，粘在床单上。当然，还要用橡树叶做一个头环配套。

贴士：在秋天的时候，穿上这些树叶迷彩服，到橡树林里玩捉迷藏的游戏，如何？

橡果小人儿

丰富多彩的橡树世界！

年龄：3岁以上

材料：不同种类橡树的橡果和叶子（在植物园或比较大的公园可以找得到）、手工用胶、防水笔

如果有条件,还可以准备不织布手工毛毡、针、线（浅绿色）

前期准备：无梗花栎叶子和土耳其橡树叶子都会因为干燥而卷起来,所以在做这个手工之前,要先把叶子压平。

收集不同种类橡树的橡果和叶子,并分类。

用胶把橡果壳斗牢牢粘在橡果上,将橡果画成人脸。把橡果做成的头粘在它相应的树叶上,就制作完成了一系列的橡树小人儿：北美红栎小人儿、欧洲夏栎小人儿、无梗花栎小人儿、土耳其橡树小人儿……

或许也可以找到其他非橡树家族的树果,来做其他树小人儿。

年纪稍大些的孩子,可以用不织布毛毡剪出叶子的样子,用毛毡叶子代替真叶子,再用浅绿色的线缝起来,可以保留很长时间。

魔鬼与橡树

（一个奥地利森林里的古老传说）

春天的时候,前一年已经干枯成棕色的无梗花栎树叶,依旧挂在枝头,所以无梗花栎还有一个名字：冬橡。

很久很久以前,有一个磨坊主凄凉地过着贫穷的生活。有一年春天,他终于受够了一贫如洗的生活,便将自己的灵魂卖给了魔鬼,换来了满满一袋金子。他与魔鬼签了契约,如果他住的地区,一年之中树上的叶子全部落光的话,魔鬼就会在这一年来收取他的灵魂。

到了第七年的秋天,魔鬼亲自给这个地方送来了狂风,树上所有的树叶瞬间落光。魔鬼便来到磨坊主家里,要将他带走,因为树上一片叶子也没有了。磨坊主却指了指他家农庄后面不远处的石柱纪念碑。那里还伫立着三棵冬橡,依旧满树都是叶子。因为,一直到桦树和榛树重新发芽了,这种橡树的叶子才会落。于是,磨坊主凭着自己的聪明胜过了魔鬼。

魔鬼在暴怒中冲到冬橡面前,疯狂吹这些橡树,树叶却仍未落下,只是干枯了。魔鬼发现自己对冬橡已经无能为力,便在电闪雷鸣中气急败坏地走了,再也没有回来。

磨坊主好心地将一部分钱分给了周围的穷人。

针叶林

云杉——圣诞之树

大家常常会对着一棵树争论：这到底是云杉还是冷杉？其实大部分的情况下，应该是云杉。因为云杉对生长环境完全不挑剔，而且生产速度极快，所以它是最常见的针叶树。在中世纪时，云杉林就是典型的女巫森林，韩塞尔和格蕾特*曾经在这阴森的森林迷了路。云杉树干底部没有针叶，光秃秃的树枝会发出恐怖的窸窸窣窣的声音。其实，云杉也有自己非常友善的一面！

*糖果屋里的主人公。

通缉令

欧洲云杉

终年常绿针叶树，属松科。

绿踪何处寻？

海拔不超过 900 米的中等高度山间，属于主要造林树种之一。

花

果实

种子

树皮

树的形状： 树干笔直挺拔，树冠圆锥形，树枝垂挂在树干上。
树皮： 红棕色，表面细鳞片状。
叶子： 尖细、四角针叶。
花： 雄性花蕊顶部多花粉，处在头一年冒出来的树枝的顶部；雌性花序呈驼红色，垂直站立状。风媒传播。
果实： 松果，种子带有一片小翅膀。

有何特别之处？

- 云杉本为高山树种。
- 树枝垂挂在树干上，是为了适应冬季雪落在树枝上的重量。
- 云杉生性喜欢阳光，冷杉则更喜欢阴凉。
- "每棵云杉都有自己独特的容貌。"云杉是外貌丰富多样的树种，生在高山上的云杉，树冠是尖尖的、细长圆锥形。低谷中的云杉的树冠则要宽很多。"梳子"云杉上的树枝像梳子一样，垂挂在主枝上。"大衣"云杉呢，所有翠绿色的树枝，都长长地垂下来，直到地面。
- 云杉是非常受欢迎的、制作乐器的木材。

	四月	五月	六月	七月	八月	九月	十月	十一月
花期								
松针萌芽期								
果实期								

冷杉"侦探"

云杉与冷杉，是很近的亲戚。云杉因为有红色系的树皮，也被称为红色冷杉。冷杉的树皮却是浅白色的，被称为白色冷杉。我还可以让读者更糊涂一些：价格更便宜的冷杉，常常被当作"圣诞树"拿来卖，而在森林里，绝对不会找到没有任何损坏的冷杉松果。但大自然会把红、白冷杉分得清清楚楚。

可以辨别云杉（红色冷杉）的痕迹：

- 红色系树皮。
- 四角形、会扎人、通身全是绿色的松针。
- 树枝上松针去掉后，表面粗糙得像一把锉。
- 落到地上的松果完好无损。
- 因为狂风倒地的云杉，会带出完全裂断的根系。

那相对应的冷杉（白色冷杉）的特点：

- 浅白灰色树皮。
- 松针偏平，柔软，有两条白色条纹。
- 树枝上的松针去掉后，表面非常平滑。
- 枝头上的松果全部是"站立"姿势。
- 落地的松果多数只剩下果柱。

看一看&摸一摸

针垫

冷杉树枝，满满全是松针，松针的一端像锉刀一样扎人，另一端又像吸盘一样黏人。

适合年龄：5 岁以上
材料：冷杉或云杉树枝
如有条件，也可以准备一个放大镜。

孩子们要仔细观察云杉或冷杉的树枝，最好能用一个放大镜。

- 冷杉的松针，其实是借助一个小小的浅绿色"吸盘"（即针垫）固定在树枝上。

拔下一根松针来，像吸盘一样的针垫，一并被拔了下来。"吸盘"原来的地方，会有个平滑的圆形"伤口"。

- 云杉的松针，则是已经木质化的棕色针垫。

拔下松针，针垫会留在树枝上，成为一个凸起。这就是没有松针的云杉树枝摸上去像一把锉的原因。

冷杉

云杉

针尖

变成棕色，并硬化

松针针垫不会脱落

表面像木锉一样粗糙

针垫

松针顶部不尖锐，是钝的

吸盘

疙疙瘩瘩的松针针垫也全部脱落

非常平滑

树枝工坊

圣诞树用完之后，树枝也有很好的用途！

年龄： 7岁以上（需要大人的协助）

材料： 不用了的圣诞树（云杉或冷杉都可以）、剪枝剪刀、儿童用美工刀、砂纸（粗糙度从大到小都要有）、用于捆扎的细线、气味不刺鼻的油、刷锅海绵、橡皮筋

将不用了的圣诞树，用剪枝剪刀剪出各类有趣的形状。根据剪下来树枝的形状、偏枝的数量等，可以来做挂衣钩、花的支架、搅拌器、搅蛋器。

- 用美工刀将树皮刮去。
- 树枝末端用砂纸磨圆——先用粗糙的砂纸，然后用精细的砂纸打磨。每换一张砂纸时，要先把树枝用温水清洗，晾干之后才可以再打磨。
- 最后用气味温和的油给树枝上油。

贴士： 制作搅蛋器的话，要先把偏枝在温水中浸泡大约一个小时，让树枝可以柔软有弹性。然后将全部的偏枝向里弯，用细线捆绑结实。等树枝全部干透之后，细线才可去掉。

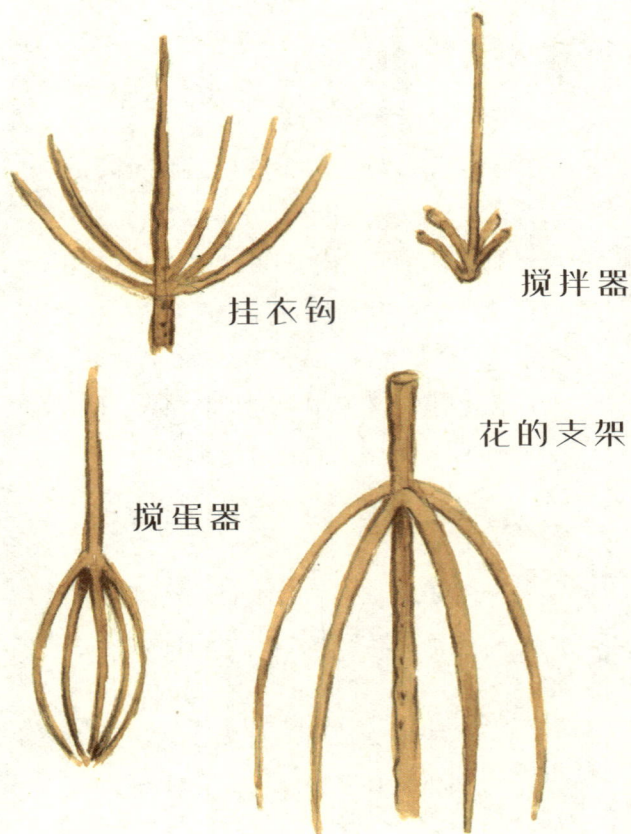

挂衣钩

搅拌器

花的支架

搅蛋器

蜜汁

云杉因为自身分会泌蜜汁，所以成为蚜虫的寄生树。有时候，萌芽期的云杉树皮上，会出现大量的蚜虫，因为这个时期的云杉树汁中含有大量的糖分。蚜虫将树汁中部分养料吸收走，改变了树汁的成分。再经过蜜蜂的加工，最后树汁变成含有丰富矿物质的深棕色森林蜜。这种蜜，可是通过了很多生物的胃，才产生的啊。

森林小饼干

童话故事里，孩子们只有到森林深处，才能见到女巫用糖或蜂蜜姜饼造出来的房子。可是现在，就有一片可以吃的森林啦！

年龄：3 岁以上（制作时请大人协助）

材料：纸壳、铅笔、西餐刀、烤箱用纸

如果有条件，也可以准备塑料袋

准备工作：用纸壳按照右图剪出树的模子

配料：

500 克面粉

1 袋发酵粉

100 克棕色蔗糖

125 克坚果粉

2 汤匙蜂蜜姜饼专用调料

1 撮盐

1 个鸡蛋

50 克黄油

300 克蜂蜜

如果有条件，可以准备一些糖霜

把所有配料混合在一起，揉成面团，放置一夜。

把面团擀成 7 毫米厚的面饼，用西餐刀在面饼上切出跟模子一样的形状，然后放在已经铺好烤箱纸的烤盘上。

用 180 摄氏度烤 10 ~ 15 分钟，然后让饼干冷下来。

将饼干像右图一样插在一起，撒一点糖霜在上面，就变成冬天里落满雪的森林啦。

层层绿意

四月底五月初，云杉树枝上就会长出细嫩、柔软、浅绿色的叶芽。这个时期的松针嫩芽非常美味。随着时间的推移，云杉嫩芽的颜色会越来越深，叶子也会越来越坚硬，叶子的形状开始变成针形，摸上去也开始扎人。有时候，冬天的森林里会散落着很多云杉嫩芽，尤其是当白雪覆盖大地，云杉嫩芽从白雪里探出嫩绿的小脑袋时。这个情景的"始作俑者"，是小松鼠。它们在前一年，把嫩芽底部营养丰富的雄性花蕊一口咬下来吃掉，其余部分就被扔到了地上。

如果有一年，云杉结的松果比较少或者冬天比平常漫长的话，上述情况发生的概率就会更大。

小纸帽

也许，这是个大自然中没有人会注意到的奇迹：新生的云杉嫩芽，起初是由一层又一层像纸一样的棕色组织包裹住的。当嫩芽慢慢长大，将包裹住自己的顶部的障碍物像"脱帽"一样，慢慢脱掉，其他的，则保留在新生的嫩芽上。当然，我们也可以帮它们把"帽子"先摘下来。

年龄： 5岁以上

材料： 即将萌芽的冷杉或云杉（四月底五月初）

将像纸一样的"小帽子"轻轻地剥开，那新生的绿芽便映入眼帘。几天过后，不断长大的嫩芽，会自行将"小帽子"脱掉。到五月初，云杉树下会见到很多被脱掉的"小帽子"。

用嫩芽做成的美味

云杉和冷杉的嫩芽里含有丰富的维生素C，味道非常好！

年龄： 4岁以上（需要大人的协助）

材料： 双把手弯刀*、带塞子的玻璃瓶、茶筛

*欧洲厨房中的常用刀，刀刃浅月弯形，两端都有刀柄，多用于将各类香草香料切碎。

适宜时节： 五月

配料：

新鲜的云杉或冷杉嫩芽

黄油

盐

冰糖

水

贴士： 冷杉嫩芽比较软、比较温和，香味也比云杉更浓郁。嫩芽汁，只能用冷杉芽制作。云杉嫩芽不宜煮得太久。

小纸帽保护着里面的嫩芽

新生的云杉嫩芽

小纸帽脱落

小纸帽张开

绿色的嫩芽黄油

把这种黄油抹在烤过的面包片上,格外好吃。

配料:

新鲜的云杉或冷杉嫩芽

黄油

盐

黄油微微加热,变软后,加入剁碎的嫩芽和盐混合在一起。

嫩芽汤

感冒、咳嗽,喝这种汤都很好。

配料:

新鲜的云杉或冷杉嫩芽

冰糖

将嫩芽切成细末,放入带塞子的玻璃瓶里,大概3厘米的厚度,再加入大约1厘米厚的冰糖。如此反复,直到把玻璃瓶装满,最上面的一层一定要是冰糖。

把玻璃瓶放在光线充足的窗台上2～4个星期——最好放在阳光下。在这期间,要不断地搅拌,以免长毛。

冰糖会将嫩芽中的水分沥出。最后,用一个筛子,把嫩芽汤过滤出来,就可以了。

冷杉嫩芽汁

配料:

新鲜的冷杉嫩芽

水

糖

将冷杉嫩芽洗净放入锅中,再放入同样多

的冷水,浸泡数个小时。然后把水和嫩芽煮沸,用锅盖将锅盖住,小火煨25分钟。

加入糖,将汤汁用茶筛过滤出来。之后,兑上矿泉水就可以饮用了。矿泉水的多少,可以根据喜好自己决定。

其他做法: 冷杉果冻

煮过的冷杉嫩芽放置一天,滤出汤汁,在汤汁中加入食用凝胶。煮沸之后,装进一个玻璃瓶里,就好了。

去瞧瞧松果

红绿色又多汁的鲜嫩花果,在一年之后,会长成常见的棕色松果,它们倒挂在枝头,不仅干燥而且已经木质化。一个松果由无数鳞片组成,鳞片之间,有带着小翅膀的种子。待到秋天,松果成熟,种子变得很轻很轻,会在干燥的天气离开松果。如果拿一个松果,倒立过来,轻轻地晃一晃,就会陆陆续续有种子旋转着落下。

在云杉下,能见到的松果并不都是完好无损的,因为松果是最受欢迎的食物之一。每种动物,都会在松果上留下自己的"痕迹"。有的松果的尖被啄穿(啄木鸟);有的身上的鳞片被剥了下来,啄得碎碎的(云杉交嘴雀);有的从头到尾被细细地整齐地剥了个遍(松鼠);还有的只剩下一个光秃秃的松果柱(老鼠)。云杉交嘴雀差不多每天需要吃四千颗种子,才能不饿肚子。它们相互交叉的喙就是专门为吃这个而生的。

松果小老鼠和它的邻居

小老鼠啊，玫瑰啊，骑士啊，用松果可以做出整个森林，对不对？

小老鼠

年龄： 5 岁以上
材料： 云杉松果、鳞片全部剥掉只剩果柱的松果、防水笔、木头用胶、云杉松针

用松果做小老鼠的身体，果柱做尾巴，松果鳞片做耳朵，再把四片鳞片各剪出一个缺口，作为爪子。眼睛和鼻子可以用笔画上，再插上松针做胡子。

玫瑰花蕾

天气干燥了，这朵玫瑰还会绽放呢！
年龄： 7 岁以上
材料： 闭合状态的松果、红色聚丙烯颜料、毛刷笔、绿色铁丝

把松果（这时的松果有可能还是绿色的）最上面的部分（松果尖）掰下来，涂成红色。
底部用铁丝缠绕在一起，做成一个花柄的样子。

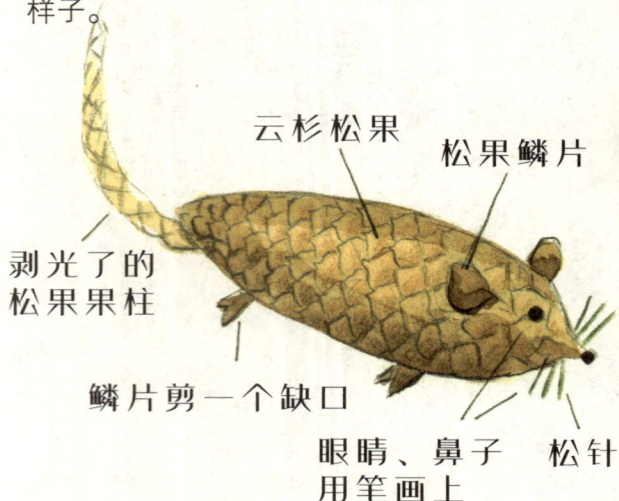

骑士

年龄： 5 岁以上
材料： 云杉松果、银色聚丙烯颜料、橡果（榛果或是类似的坚果也可以）、枫树种子、牙签、细木棍、木头用胶、防水笔

把松果涂成银色，作为骑士的身体——松果的鳞片非常像骑士的铠甲。把橡果（榛果或类似的坚果）用胶粘在松果上，在上面画一张脸，作为骑士的头。
把橡果壳斗画一下，作为银色骑士的盾牌和头盔。枪可以用牙签插进枫树种子中做成。

森林

年龄： 3 岁以上
材料： 许许多多的松果、白色及绿色聚丙烯颜料、橡皮泥

把松果先涂上一层白色底色，等到松果完全干透，再涂上一层绿色。把做好的小树安上橡皮泥底座。一棵棵的树就成了一片森林。

云杉松果

松果鳞片

剥光了的
松果果柱

鳞片剪一个缺口

眼睛、鼻子　松针
用笔画上

玫瑰
花蕾

橡果

牙签

动动手 & 玩游戏

松果火箭

松果的外形跟火箭一样！

年龄： 4 岁以上

材料： 松果、牙签、细木棒、银色丝带、银色箔纸、剪刀、银色颜料、毛刷笔

制造火箭

将松果涂成银色。在松果圆钝的一边插入一根牙签，在牙签上系上银色丝带，再用银色箔纸剪出小星星，粘在丝带上。

发射火箭

每个小朋友手中，拿相同数量的火箭。用细木棒作为起点。第一个小朋友随意扔出手里的一个火箭。第二个小朋友也扔出自己手里的一个火箭，试试看能不能打到第一个小朋友扔出的火箭。

- 如果打到了，那地上的两个火箭就都属于第二个小朋友。第二个小朋友可以依照这个规则开始新一轮的火箭发射。

- 如果没有打到，那第三个孩子，就有两个火箭可以作为目标了……

所有的小朋友轮流玩过一次以后，手里火箭最多的小朋友，就赢得了比赛。

"如果你再也不想要你的森林了，就种云杉吧"

一次暴风雨肆虐过后，云杉林里过半的云杉都被摧毁，一位森林专家看了这个场景后，说出了上面的话。如果森林里只有云杉，那么这个森林对害虫是毫无抵抗力的。云杉也抑制了地面植被的生长和森林自我年轻化的进程。除此之外，地面上几乎从不腐烂的厚厚的云杉松针层也会改变土地的酸碱性。

一棵棵云杉士兵般伫立的纯云杉森林的模式，盛行于二十世纪后半叶。当时那些钟情于整齐有序的森林的人们，不喜欢橡树、榆树和椴树那样乱七八糟的树枝。云杉挺拔、枝丫毫不杂乱的形象，正好迎合他们的心意。

而在今天，云杉更多的是与其他树种生活在更贴近自然规律的混合森林里。

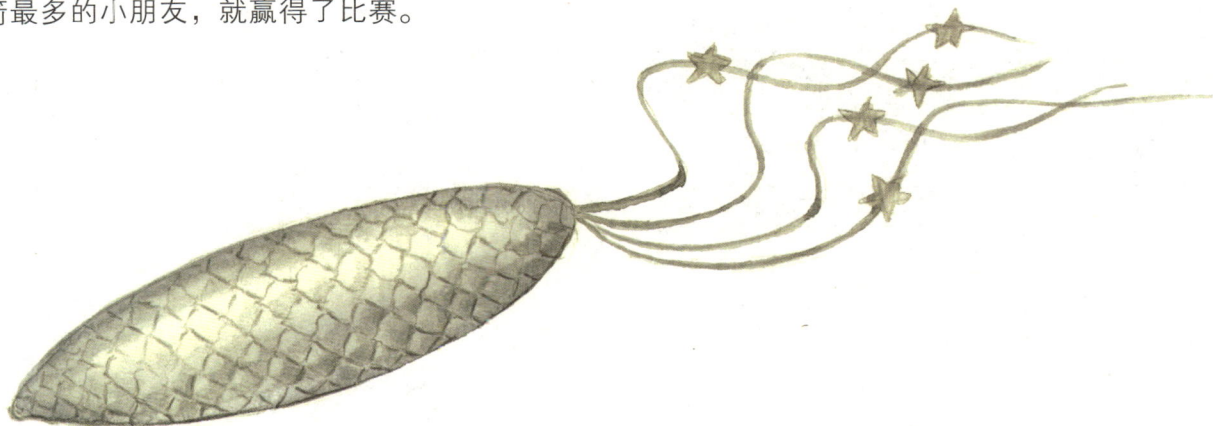

唱一唱

毛那库 *

作词及作曲：约根 · 盖塞尔布莱希特

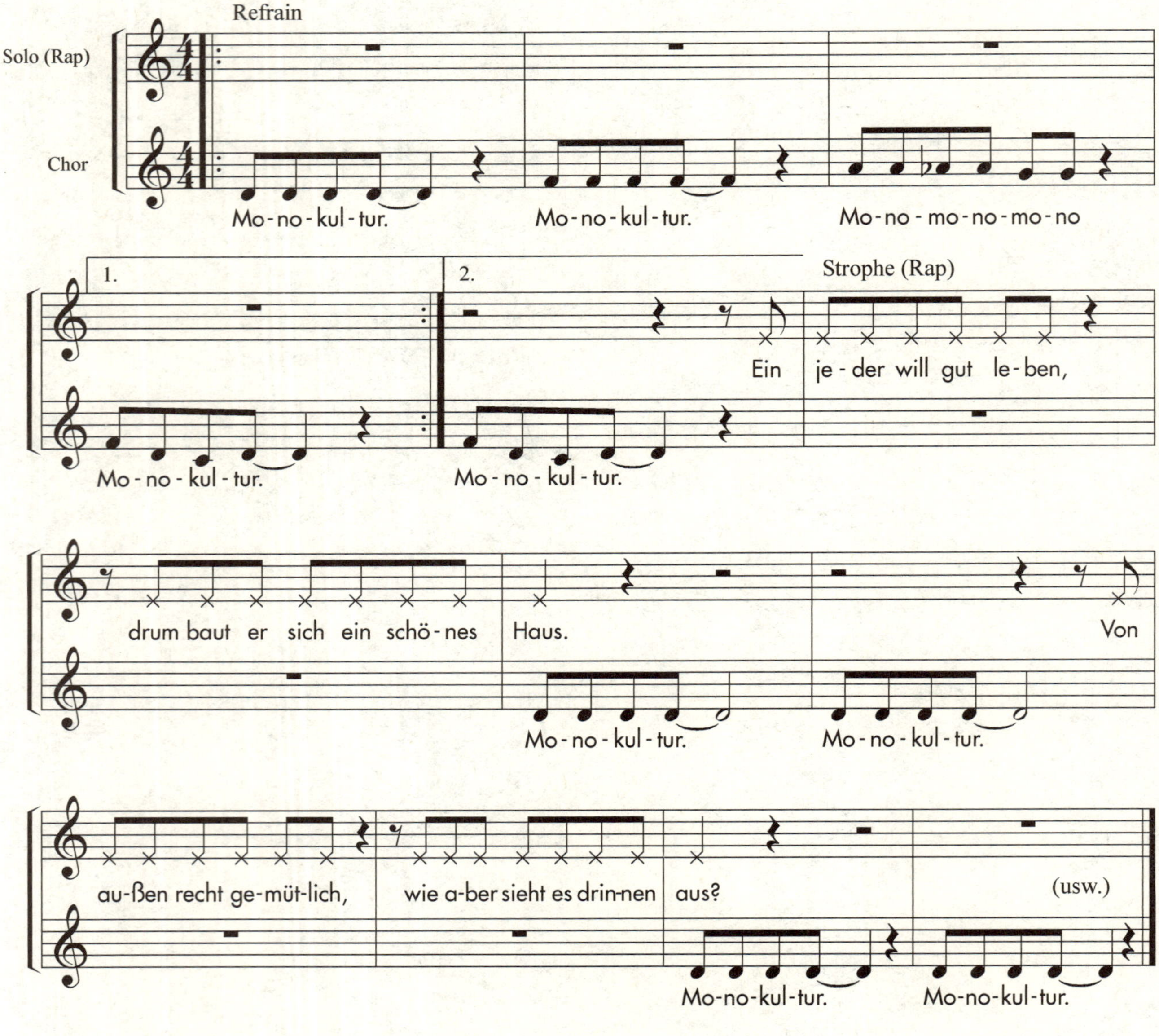

* 是德语词“Monokultur”的音译，意思为“单一植被森林”。

说明:
每段请一位小朋友以 Rap（说唱曲）的形式领唱，其他人再一起合唱。

毛那库，
毛那库，
毛那，毛那，毛那，毛那库。

想要生活美满，
先造漂亮家园，
屋外舒适养眼，
屋里是何容颜？

要用漂亮物件，
摆进每个房间，
要做物件先要好木，
好木来自好树。

哪里才有好木？
林里处处伫立。
若是有云杉遍布，
很快就有片片好木。

林里云杉紧紧相挨、长得迅速，
慷慨赠予我们良木，
云杉林里不能长杂树，
不然守林人不是好师傅。

毛那库，
毛那库，
毛那，毛那，毛那，毛那库。

无论人类、植物还是动物，
都想生活舒服。
那要先有食物，
如这树皮小蠹。

小蠹生活在树皮深处，
树皮就是它们的小小房屋。
可惜常有飞鸟光顾，
它们很爱很爱吃小蠹。

没有天敌的生活多么舒畅，
这心愿能否得偿？
有的有的，真有这地方，
那里是小蠹的天堂。

只长了云杉的森林，
动物们大多不爱在这多待，
只有树皮小蠹是例外，
住在这里、吃在这里，多么畅快！

落叶松——高山之树

对于摄影师来说，落叶松不是特别上镜的树种：春天的落叶松轮廓模糊，像是一团浅绿色的乱影；而秋天时，落叶松又早早地从金黄变成了锈棕色——甚至在山峦开始染色之前。

通缉令

欧洲落叶松

落叶乔木，属松科。

绿踪何处寻？

中、高山脉区（最高可达 2500 米），公园及花园中。

短芽

长芽

花

果实

树皮

种子

树的形状： 树干挺拔有力，金字塔树形、倒卵形树冠。

树皮： 红棕色，像鳞片一样。

叶子： 一年生，柔软、有弹性的针叶。针叶如果一撮一撮地生长，就很短；如果单根生长，就很长。

花： 雌雄同株，雄性花颜色黄绿色，倒挂在枝头；雌性花则是可以结果子的花，红色，垂直伫立在枝头。落叶松属于风媒传播。

果实： 松果外形像一个鸡蛋，松果中带有三角形的棕色翅果（它们下落时会不停地旋转）。

有何特别之处？

- 落叶松的家乡是冰川时代的西伯利亚，所以它们可以忍受零下 40 摄氏度的严寒。
- 落叶松属于开路先锋和高超的爬山能手：它们可以在人类从未开垦过的土地上，还有非常陡峭的山坡上存活。
- 落叶松枝丫繁茂，人们也称它们吊灯落叶松，因为它们的样子非常像一盏吊灯。
- 落叶松比其他松科植物更需要阳光。一棵落叶松如果生长在一片混合林中，且树冠被其他树木遮住的话，这棵落叶松就会枯死。
- 在瓦莱州（瑞士的某个州）2000 米的高山上，有一个落叶松原始森林。那里的落叶松树干直径有 3 米。这些落叶松的年龄已经上千岁了。

	四月	五月	六月	七月	八月	九月	十月	十一月
树叶发芽期		■	■					
花期		■	■					
果实期						■	■	
落针期							■	

松节油药膏

这种药膏可以自己用松脂制作。

年龄： 5 岁以上

材料： 小刀、深色器皿、榛果大小的松脂、比松脂的量大二十倍的黄油或乳脂、小瓶子

如有条件，可以准备手钻。

在落叶松的树皮上横切一条缝，或者钻一个孔，以便收集松脂。几天之后，洞里或者缝里，就会有很多松脂。

贴士： 还没有成熟的绿色松果里，有很多很多的松脂，很轻易就可以收集到。将松脂晾干，放在深色器皿里，密封保存起来；或者也可以直接拿它来制作药膏。

药膏制作： 将松脂和黄油放在锅里，隔着热水加热。松脂和黄油在锅里慢慢地融化在一起。一直搅拌，直到凉下来。然后装在事先准备好的小瓶子里，拧紧，放在冰箱里。

松节油药膏可以清洁伤口、加速伤口的愈合，而且不留疤痕。

松脂

落叶松有非常高的树脂含量（比其他松科树种还要高），这使它成为最结实耐用、最防水的针叶木。所以落叶松木主要用在室外：桥梁、电线杆、栅栏、屋顶、船舶等。

南蒂罗尔（地处奥地利）地区的山间，人们会在落叶松上插管取松脂。收集到的松脂黄棕色、像蜂蜜一样黏稠，味道稍微有点苦涩，但香味浓厚。不管是出现了流感还是着凉的症状，为了防止病情进一步加重，可以吃一颗松脂糖。

从松脂中可以提炼出珍贵的松节油。很长一段时间，它都是药膏基础配料中最名贵的组成部分。威尼斯是古时松脂贸易的重要集散地，所以有种松节油叫"威尼斯松节油"——油画专用油。

金色的针

落叶松的松针软软的，有很强烈的味道。这些松针，刚刚长出来时圆圆胖胖的。落叶松是松科树种里唯一在秋天会落叶的树。尤其是在一些夏天特别热特别干燥、冬天又特别冷的地区，落叶松落叶格外明显。对于一棵树来说，最好的抗蒸发、抗严寒的方式，就是在最短的时间内将所有的叶子脱落。可以这样做的前提是，落叶前，树本身已经将树叶里的养料全部吸收了过来——这也就是秋天会看到美丽的金色落叶松的原因。落到地上的落叶松针（落叶松针层），因为有着很不适合降解的碳氮含量比例，非常难分解，就渐渐形成了一层生腐土。也就是说，落叶松松针在自然中降解，需要很长很长的时间。

精灵头冠

香味环绕的精灵头冠！

年龄： 5 岁以上

材料： 落叶松树枝

适宜时节： 五月

拿五月里嫩绿的落叶松树枝，简单地缠绕在一起。因为松枝疙疙瘩瘩的，所以不用线或者铁丝，就可以缠在一起。整个绿色松环还散发出好闻的香味。

嫩嫩的松针芽，是可以吃的。尝起来有松香味，又酸酸的——有点像柠檬。

精灵的旅行

所有的五月精灵将自己的精灵头冠（落叶松头冠）放在地上，随着音乐开始走动。一旦音乐停止（要有一个人掌管音乐），每个精灵要用最快的速度抢到一顶新精灵头冠（把头冠戴在头上）。注意：每一轮都会有一个精灵遭到淘汰。

最后留下的精灵王是谁呀？

贴士： 不玩这些绿松环了，还可以用它们洗个美美的泡泡浴！

锡尔斯松针球

在锡尔斯（瑞士恩加丁地区），秋天的水面上，会有很多落叶松松针，有些是从岸边的落叶松上直接落到了水里，有些是随着峡谷里的风到了这里。这些松针开始会是小小的一团，但由于风将它们吹来吹去，这些松针球越滚越大，一直会滚到足球那么大。落叶松里的松脂让这些大自然的杰作紧紧地抱在一起，不怕水，也不怕风。不过，松针球只有落叶松下才有，而且只在锡尔斯、只在秋天，其他任何地方都看不到它们。

很遗憾，没有办法手工做出这样的松针球。

♂ 花　　♀ 花
↓　　　↓
松果

往年的松果

从开花到落果

落叶松长得很快，但要在十五六年后，才开始开花。远远看上去，落叶松的花很不显眼。雌性花伫立在枝头，花朵是红彤彤的。而雄性花是黄色的，倒挂在树枝上。

鸡蛋形的松果一年后，才会成熟。松果呈绿色，进入秋天，留在枝头。待到松针全部落尽，整棵树的脉络清晰可见，便可以看到一颗颗小小的松果点缀在枝丫之间。落叶松松果成熟之后，身上的鳞片只会微微开启，松果的种子要在之后的两三年内，才会陆续从松果里掉落下来（每个松果里大约有50颗种子）。当种子全部落尽之后，松果的颜色才会转至苍白。所以，在一根树枝上，常常可以看到不同颜色的松果。松果只有当身处的松枝落地时，才会一同落地，这个过程差不多需要十年的时间。如此一来，即便树枝枯死，随之落地的松果中的种子，也有可能继续萌芽。

滚动的救赎

这是恩加丁地区的一则传说。

在恩加丁的锡尔斯地区，有一次因为高山冰雪的融化，而使河水泛滥，有一个村子被隔绝了起来。这个地方山上的落叶松上，住了一群树精。树精们在一起讨论，要如何帮助村子里可怜的人们。

这时有个小树精，在踢来踢去地玩一个小小的松针球。最年长的树精由此有了一个主意：他们把食物，例如果脯、鱼和鸡蛋等，用松针和松脂包裹起来，滚成球，让湖水把这些毛茸茸的松针球，带给锡尔斯被洪水围困的人们。

乐于助人的树精，就用这样的方式，在饥饿将死神招来之前，救了锡尔斯的村民。

小矮人季节代言人

干枯的落叶松树枝有很多用处——可以为每个季节都做一个小矮人。

年龄： 4 岁以上

材料： 带松果的落叶松树枝、木头圆球（直径在 8 ～ 10 毫米）、牙签、不同颜色的手工用毛毡、木头用胶、剪刀、金色箔纸、金色喷绘材料、金色星星粘贴纸、雪花喷绘

贴士： 通常一阵狂风之后，地上会落满带松果的树枝。

松果作为小矮人的身体。借助牙签和胶水，将木球固定在松果上。

每个季节特有的小矮人或者小树精，用下面的方法来制作：

春天：戴着一顶春天的松针一样的绿色帽子。

夏天：戴着红色及蓝色帽子。

秋天：戴着金黄色帽子。

冬天：戴着白色帽子，将松果用雪花喷绘喷成白色。

圣诞节：戴着的帽子用金色箔纸做，再粘上一颗金色的星星，松果用金色喷雾喷绘成金色。

春、夏、秋小矮人的帽子尖上，粘几根松针。

松果之树

一幅艺术画作！

年龄： 5 岁以上

材料： 水彩颜料、画笔、落叶松松果、手工胶带、鞋盒盖子、落叶松树枝或落叶松树皮、苔藓或地衣

鞋盒的内面作为背景，画上自己想画的画，晾干。将一个个松果摆出树林的样子，然后粘在鞋盒盖子上。落叶松树枝或树皮，可以用来制作树干。

将鞋盒盖子放平，用苔藓、地衣还有之前做的季节小矮人来装饰树林。

冬天小矮人

圣诞节小矮人

秋天小矮人

小矮人的帽子

夏天小矮人

春天小矮人

欧洲赤松——火炬之树

欧洲赤松不仅仅是中世纪的"光之树",它还是一种外形非常俊美的树:造型奇特的根系、狐红色的树皮、浓郁的香气、纤长的蓝绿色松针、碰在一起咔嚓作响的松果。在蔚蓝色天空的映衬下,美丽极了!

通缉令

欧洲赤松

终年常绿针叶树,属松科。

绿踪何处寻?

从平原到高地,都可见到;
在北欧属于主要造林树种之一。

其他常见松树树种:
欧洲黑松、欧洲山松、瑞士五针松、美国白松

短芽

长芽

花

果实

种子

树皮

树的形状: 不同地区的赤松形状也不一样。
树皮: 狐红色,有鳞片。
叶子: 蓝绿色松针,4～8厘米长,双生。
花: 雄性球果成簇生长于幼枝的底部;雌性球花生长于幼枝的顶部,花粉数量多(犹如"黄色硫黄雨")。风媒传粉。
果实: 松果的形状像鸡蛋,尺寸3～6厘米,内有很多带翅膀的种子。

有何特别之处?

- 不同地区的赤松,其树冠的形状也不一样:土地贫瘠的地区,树冠会弯弯曲曲;多风的海岸或高山地区,树冠会偏向一边生长(风力作用的结果);植被密集的地区,树冠细长高瘦;环境恶劣的沼泽、山顶和沙丘地带,赤松又变成了矮矮胖胖的"盆景"模样。
- 有光才能发芽,非常耐寒、生长极快的先锋树种之一为其他树种提供腐殖土。
- 赤松的松针很难将天上降下的雨水留存住,而且留下来的水分也非常容易蒸发掉,所以赤松需要从地底下吸取水分。由于这个原因,赤松很容易引起土地的干旱。
- 在北美洲的东部地区,赤松是最受欢迎的圣诞树。

	四月	五月	六月	七月	八月	九月	十月	十一月
树叶发芽期								
花期								
果实期								
落针期								

胡萝卜树

年轻的赤松树皮颜色在灰黄色与橙色之间，手感光滑。等到树龄再大一些，底部的树皮会慢慢变成棕红色，还会生出鳞片，而在树干的顶部，却有一层狐红色的镜面树皮（也是树皮，但还没有长出鳞片）。赤松因此也被称为红松。匈牙利人有时还叫它胡萝卜树。

这种特别的树皮，可以让赤松与其他树种很好地区分开来。镜面树皮脱落时，像一张一张的纸片。

看一看 & 玩游戏

树皮怪物

松树上脱落下来的树皮，可以充分地利用起来。

年龄： 5 岁以上

材料： 赤松脱落的树皮、胶水、纸张、彩笔。如果有条件，可以准备一把刮刀。

去赤松树下收集脱落下来的树皮，也可以直接从树上撕下来。也许会收集到形状完好的树皮，有些上面还有小孔。要收集到一块完整的树皮也不难：可以用刮刀，把树皮一层接着一层地刮下来。

将树皮放远一些，仔细观察树皮，发挥自己的想象力，看看树皮里藏着什么有趣的东西：动物的头、怪物，或者是简单的拼图。把这些图案粘在纸上，再用其他材料加工一下，让树皮怪物活灵活现地出现在眼前。

树皮拼图

将所有树皮放在一张纸上，每块树皮之间紧凑地挨起来，将树皮外围轮廓用笔描出来。然后再把所有树皮移开，打散。

试一试，像玩拼图一样，把所有树皮一块一块地、准确无误地拼回到原来的轮廓里去。

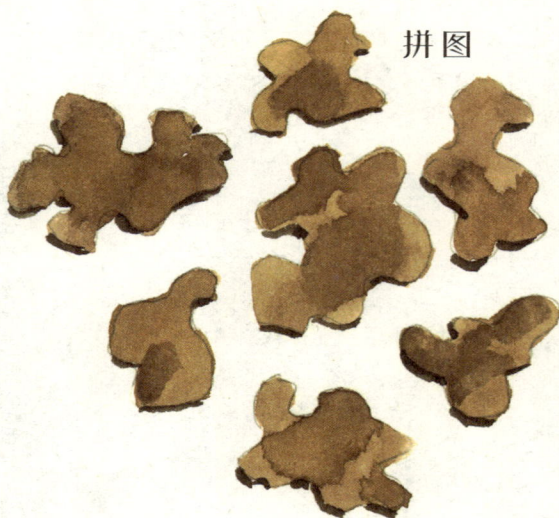

拼图

树皮怪物

灯火通明的中世纪

松木非常轻，还很结实。因为松木中富含醚油，味道非常好闻。松木中有大量的松脂，含量最多的树段，是树干。因为树干在接近地面的地方，要分泌大量的松脂来对抗腐菌的侵害。这部分的树干，可以加工成指头那么粗、20厘米长的木料。

在中世纪，松木常常用来做火把，因为松木非常易燃，而且燃烧时间很长。赤松也是提炼松节油的重要树种之一。

乔松，即泪松，它未成熟的松果里，会渗出一颗一颗的大滴松脂（眼泪）。乔松的家乡是喜马拉雅地区，不过目前在很多地方的公园里都可以看到它们的身影。

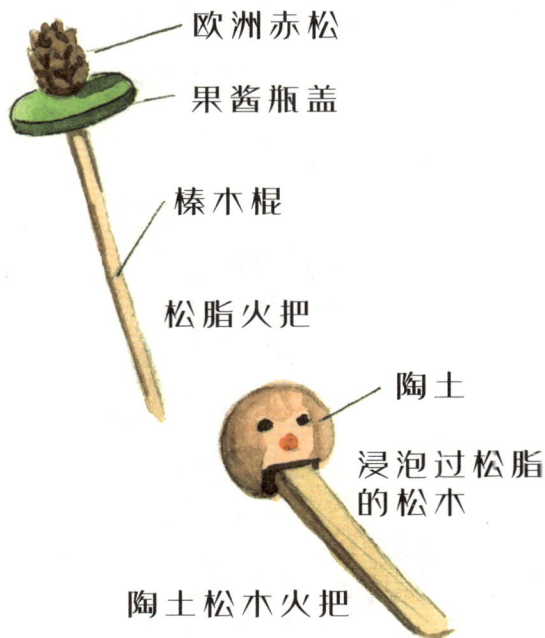

欧洲赤松
果酱瓶盖
榛木棍
松脂火把

陶土
浸泡过松脂的松木

陶土松木火把

松脂火把

炎热的夏日夜晚，或是寒冷的元旦跨年夜，都可以点燃香味浓郁的松脂火把。

年龄：6岁以上（在大人的陪同下）

材料：干燥的赤松松果、已经晾干的树脂（赤松或云杉）、一根榛木棍（约1米长）、金属盖子（例如果酱瓶盖）、钉子、锤子、火柴

在散步途中，小心翼翼地把树干上已经干了的松脂刮下来，收集起来。能找到已经老化、泛白的松脂最好。这样的松脂可以很轻易地一小块一小块地割下来。

或者割破树干上的一小片树皮，接下来的几天，都可以观察树脂。渗出的树脂，还是液体状态，要抹在松果上。老化一些的树脂，可以直接放在松果里。

把木棍一边削得尖尖的，用锤子把木棍钉入地里。木棍朝上没有削尖的一边，用钉子把瓶盖固定在上面。

抹满（液体）或放满（固体老化）松脂的松果放在瓶盖上，点燃，有股森林和松香的味道，而且燃烧效果非常好。

陶土松木火把

材料：陶土、铁丝、浸泡过松脂的赤松

用陶土自己烧制出一个人脸形状。记住：嘴巴处的洞不要忘记，因为要插入火把棍。

陶土烧制烘干结实后，将其挂在自己选定的位置，在嘴里插进火把之后，点燃就好了。

松树蜡烛

柔荑花序 ♂ ——— 含有松脂

♂

尝一尝 & 闻一闻 & 摸一摸

松树蜡烛

外形像蜡烛一样、短短的松树嫩芽，有很多很多的用处。松针里含有丰富的维生素和醚油。

年龄： 5 岁以上

材料： 松树的嫩芽（收集嫩芽的松树树龄不要太小）、火柴、浴缸

尝一尝

春天的松树枝上，最顶端的嫩芽尖是可以吃的。把芽尖小心翼翼地去掉，只留下绿色的部分。吃起来脆脆的，味道有点像柠檬，有轻微的树脂味，回味多少有些苦涩。

闻一闻

把松树树芽掰断的话，掰断的地方会渗出树脂来。如果把这些树脂点燃（一定要在大人在场的情况下），会燃烧一小会儿，之后会释放出烟雾形式的醚油。

摸一摸

收集来的松树嫩芽，特别适合用来泡澡。松针嫩芽泡出来的水，有非常好的抗菌作用——对咳嗽或感冒特别有效。

贴士： 也可以把松针嫩芽晾干，收起来，以后再用。

在树上停留一时，在地上停驻一世

五月时观察松树，会发现它们的树枝尽头，如同站满了一根根的蜡烛。出现这种情景，是因为松树嫩芽初生时，处于垂直站立的状态。一直到夏天，它们在树上的最终形状才会确定：所有的松针纵向生长，互相之间呈放射状。

树枝上的松针，永远是对生，且侧生在树枝上。在这一对松针的根部，是鳞片状苞叶。当松针被动物啃噬掉或者被剪掉，苞叶里就会生出新芽，取代旧松针。松针在枝头通常只停留两三年。在此之后，通常松枝上只有顶端还有松针，其余部分就成了光秃秃的树枝。

松树的松针很好地适应了干燥。它们可以直接从空气中吸取水分，例如自然中的露水。

虽然松针停留在树上的时间不长，但落到地上之后，它却会留存很长很长的时间：因为松针需要极长的时间才会腐烂。在挺拔俊美的松树下，总会看到成堆的松针，一年又一年，堆得越来越高，渐渐地，松针堆下，就不会长出什么了。

动动手 & 玩游戏

松针游戏

用松针可以玩的游戏很多，而且它还可以让手指很好闻。

年龄： 5 岁以上
材料： 松针、细小树枝、橡皮泥、细绳

针与线

长松针既可以当作针，也可以当作线，比如：可以用松针作为"针和线"缝出好看的叶子包和叶子头饰。

松针项链

把对生的松针掰去一根，剩下的一根松针，插进针座里，做成项链的链环。将单个的链环串联起来，一条长长的项链就做成了，也可以做脚链和手链……

松针栅栏 / 松针星星

把对生的松针，右边的一根在中间用指甲豁出一条缝，左边没有豁缝的松针，插入另一对右边豁出缝的松针里。以此类推。

● 把松针如上述排列在一起，为小矮人的花园做一个栅栏（把准备好的细树枝插在橡皮泥上，作为栅栏的撑脚）。

● 将松针插在一起，围成一圈，就做成了一颗星星。

松针字母

用松针可以"写"出很好看的文字。要看字的写法，有时松针需要剪短一段，或是折弯，抑或是用指甲豁开。

刺猬 / 豪猪

找一个坚果壳，用橡皮泥包裹起来，然后可以在橡皮泥上插上松针。

女巫的迷你飞天扫把

将一把松针用细线绑在一起，中间插上一根扫帚棍（用树枝做）。

松针

松针项链

松针星星

女巫的迷你
飞天扫把

松针栅栏

松针字母

松树芭蕾舞
演员

画出脸

将松针
绑在一起

从花到果的过程

♂

花

♀

果实

种子

动动手 & 玩游戏

松树芭蕾舞演员

极有跳舞天赋的松树芭蕾舞演员，用她的松针尖翩翩起舞。

年龄： 5 岁以上

材料： 松树枝的尖头部分（有斜长着松针的红松或黑松松枝）、细线、纸张、彩笔、胶水、会颤动的"舞台"（例如鼓或跳床）

把松树枝松针尖的一头倒立。上边两侧的松针用细线绑起来，当作胳膊。用一张圆纸片（一定要很轻很轻！），画上脸的轮廓，粘在松枝上，当作脑袋。

将芭蕾舞演员放在一个会颤动的"舞台"上，不停地敲打"舞台"，可以让她不住地跳舞。松枝的尖经常会微微弯曲，她也会因此跳出美丽的旋转舞姿！

"舞台"是跳床的话，可以让很多很多芭蕾舞演员同时翩翩起舞！

松果

从开花到坐果，就是变成松果，整个过程挺无聊的：先是开花的当年春天，花朵授粉；松果成熟，要等到第二年的秋天。直到第三年的春天，松果里的种子才会脱落。在空气干燥的环境中，松果开放时，会伴有轻微的抽动，之后种子才会落下。如果夜里或是下雨天，空气湿度上升时，松果又会关闭。这样的过程，几个星期内会反反复复发生——很像一个酒桶，可以通过开关反复取酒。松果种子无法一次性全部脱落，需要很长的时间跨度。松果的种子有长翅形和短翅形，翅膀的长度也各有不同。两种种子都很轻，下落到地面的过程也都伴随着旋转。空了的松果最后会整个从树上掉落。在美国有一种松树，其松果一直到第一次炎热天气出现时才开放。这样就很好地适应了当地频繁发生森林大火的现实情况。

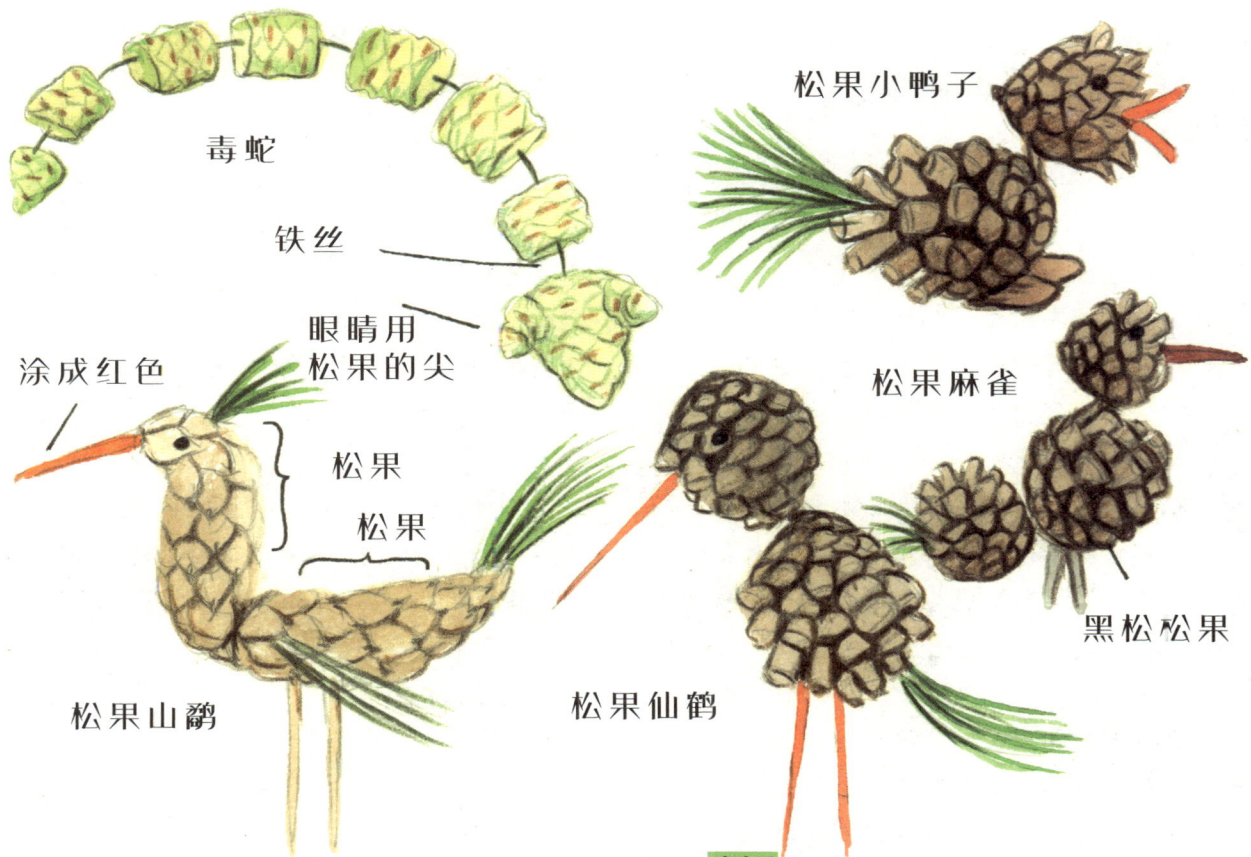

毒蛇

铁丝

涂成红色

眼睛用松果的尖

松果

松果

松果山鹨

松果小鸭子

松果麻雀

松果仙鹤

黑松松果

动动手

毒蛇

松树的松果在夏天会脱落一部分。这些还发绿的松果有很多用处。

年龄：5 岁以上

材料：绿色松果、木板、可弯曲的铁丝、餐刀

适宜时节：夏天

将用来制作毒蛇的松果首尾两端切掉，毒蛇的头和尾巴用两个完整的松果表示。根据上图，把所有的松果用细铁丝连在一起，毒蛇的舌头用松针表示。

这样做出来的毒蛇，还可以蜿蜒盘行。

动动手

松果小鸟

不同类型的松果可以做出不同类型的小鸟。非常省事的做法是：干燥的松果不用胶水就能粘在一起，做成小鸟的身体！

年龄：4 岁以上

材料：不同类型的松果（已经干了的松果）、松树皮、松针、松树枝、防水笔（红色和黑色）、毛刷笔、木质用胶或松脂、木棍

根据不同松果的形状以及把松果粘在一起的方式，可以做出鸭子、山鹨、啄木鸟、鹳鸟等。再用松针做出鸟的尾巴、头和翅膀上的羽毛，鸟的喙和腿用树枝做出来，眼睛的部分用画笔画上。

当然，用胶水粘起来的鸟保存的时间会更长一些。

试一试

测试松果的力量

一个湿了的松果，六个小时之后开始开放，十二个小时后松果开放一半，一直到二十四个小时后，松果才会完全开放。但是，如果开放的过程中遇到了阻力，会发生什么事呢？

另外： 干燥的松果如果浸泡在水里，一个小时后，就会完全闭合。

年龄： 5岁以上

材料： 湿松果（鳞片全部处于闭合状态）

提示： 由于松树松果张开时，向外扩张的幅度很大，所以松树的松果最适合测试松果的力量。

做松果力量测试时，需要给处于闭合状态的松果一种阻力。这个实验可以在干燥的房间中进行。当然，如果将松果放置在暖气上，这个过程会更快。

制造阻力的几个方法：

测试单个松果的话：火柴盒、橡皮泥或石膏外层、玻璃杯

测试多个松果的话：卫生纸里面的卷筒、透明塑料杯

在纸筒中的松果

玻璃杯

一堆松果

会发生什么变化呢？ 松果的力量冲破了石膏，却没有冲破橡皮泥。

火柴盒的盖子被顶破。放在玻璃瓶里的松果也拿不出来了。

放在卫生纸卷筒里的松果，从两边挤了出来，变得奇形怪状，但是这些松果摆脱束缚时，还能保持站立（因为它们又恢复了干燥状态）。塑料杯里松果全部紧紧地挤在一起，有的松果还被挤到了上边。

为什么？ 松果鳞片在运动过程中，会吸收空气中的水分。在潮湿的环境中，松果外层（就是底部）的种子比上部的种子膨胀的力度大，鳞片收缩，松果就会闭合。

在干燥的环境下，情况正好相反，鳞片会张开。把松果放在窗台上，可以做晴雨表使用。

听一听

松果脆响

会有"咔咔"的声音……

年龄： 3岁以上

材料： 闭合状态的松果

适宜时节： 春天

采摘松树上处于闭合状态的春季松果，或者等刮一阵大风之后，去树底下收集。用绳子把松果串起来，当项链，或者做"咔咔"响的耳环都行。

谁先听到松果"咔咔"的声音呀？

在石膏中的松果

荒野求生的艺术家

与其他树种相比，松树的存活力很低，因为松树哪怕是在它们的"少年时期"，都需要大量的光。松树的强项是在夹缝中生存：诸如荒地、高山地区、沿海地区、沼泽地带、沙丘地带或者布满岩石的悬崖峭壁上。在这些地方，松树作为先锋开拓部队，可以将它们数以百万计的种子撒向地面。经年累月之后长出一片片纯松树森林。这种纯松树树林，只是自然演变的一个过渡，渐渐地，会有其他树种出现并"排挤"松树。如果人类进行干预，让纯松树树林得以保存，则会出现负面效应。落地的松针很难分解，地上的松针层会越来越厚。这里的环境就会恶化，土地酸化，虫害的风险会上升。

树根任务

松树复杂的根系，让松树可以在暴风雨中屹立不倒。在经常有人走的小路上，常常看到松树长相怪异的侧根突兀地爬满地面，有些甚至可以掰下一段来。对于远足的小朋友来说，可以利用这些树根，玩一个很有创造力的游戏。

年龄： 5岁以上

材料： 在松树林里找一条徒步的路

小朋友一起穿过松树林，仔细观察路上裸露的松树根。主领游戏的人，现在布置第一个任务：谁能先从树根上找到一个肿了的大鼻子？

第一个找到一块像鼻子的树根的小朋友，如果其他的小朋友都觉得他找到的树根很像的话，这位小朋友可以决定下一轮游戏的题目，就是大家要在树根上找什么。

最有可能找到的"形象"有字母、数字、巨人的眼睛、鹰的爪子、巨型嘴巴，或者更难一点，如小狗的脸、小矮人、鸟、饼干女巫*……

小朋友可以一连几个小时都在玩这个寻找（甚至还可以收集）的游戏——肯定"一会儿的工夫"，孩子们就到达徒步目的地了。

*德国童话里的坏女巫，在森林深处建一栋用饼干和糖果做成的房子，专门吸引小孩子。

最重要的事

暖洋洋的"松树林野餐"

找一个阳光灿烂的温暖天气，春天也好，夏天也行，跟小朋友一起，躺在松树底下，望着天空发呆。

年龄： 3 岁以上

材料： 松树林、野餐布

躺在野餐布上，望向天空，听一听，闻一闻。

有什么印象呢？ 松树有自己浓郁的香味；即便只有一阵微风吹过，也能听到松树树冠发出的窸窸窣窣的声音；感受到那些飘落的松针；摩挲树皮；尝一尝松树的嫩芽，只要轻轻地温柔地咬一口就可以（不过尝之前，要把松针尖去掉）；甚至还有可能听到松果裂开的声音，接到几颗落下来的种子；或者让自己的视线，跟随那些在树干间跳跃的小松鼠。这时就不仅有好听的声响了，小松鼠会"赠送"你很多很多被它们弄脱落的"礼物"。

潮湿地带的树木

柳树——大头树

在地球的北半球上，存在着五百多种柳树。它们的身形从"侏儒"到"巨人"都有，大部分柳树生活在水边。它们相互之间交叉生长，使得鉴定类型的工作非常困难。每种柳树都有自己独有的特征：黄花柳有毛蓬蓬的棕榈柔荑花序，蒿柳的树枝非常有弹性，白柳的叶子像银鱼一样，而垂柳整棵树的样子非常特别。

通缉令

其他类型的柳树

叶子
白柳

五蕊柳
灰毛柳
蒿柳
垂柳

黄花柳

落叶乔木，杨柳科。

绿踪何处寻？

洼地或高山上的林木砍伐地区、森林边缘以及杂草丛生之地。

花

种子

果实

树皮

树的形状：树或灌木丛的形式，有多根枝干。
树皮：黑棕色，布满纵向裂纹。
树叶：长度是宽度的两倍，叶面多褶皱起伏，叶子的背面有很多茸毛。
花：雌雄异株；雄性花（形状偏大，带黄色花蕊）和雌性柔荑花序（绿色），生满细密的茸毛。
果实：两瓣裂，干燥的蒴果，内有带长茸毛的细小种子，有柳絮。

有何特别之处？

- 黄花柳的种子非常小，没有胚乳，属于光萌芽，而且一粒种子可发芽的时间，只有短短几天。
- 大多数类型的柳树（黄花柳例外）可以很好地自我繁殖扩张。剪下来的柳枝，两三周后就会生根。
- 柳树生长速度极快（软木头）。每年的纵向生长速度可达两米。

	三月	四月	五月	六月	七月	八月	九月	十月	十一月
花期									
树叶发芽期									
果实期									
落叶期									

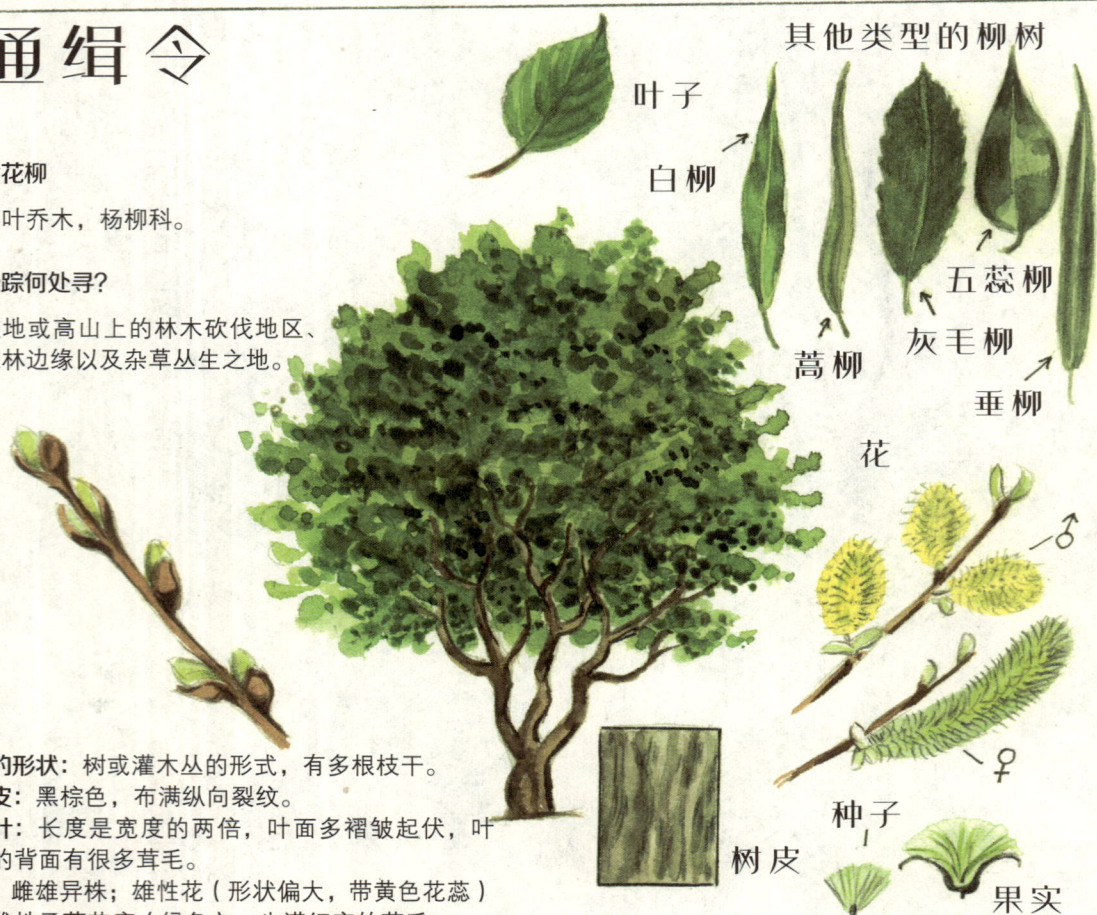

编柳条

德语中柳树的名字"weide"，源自另外一个词"winden"，意思接近于"编制"。冬天时，人们会采集柳条，用来编制。新采集下来的柳条可以立刻用来编制容器，已经干了的柳条要先在水中浸泡一个星期。

柳条黄金法则：柳叶越纤长，其柳条编制时越好用。叶子是圆形的柳条，大多数非常容易断。蒿柳、白柳和杞柳的柳条最适合用来编制容器。春天里黄绿色的垂柳条，特别适合用来玩游戏、编制容器，因为垂柳的柳条一直垂挂到地面，所以非常容易得到。

春天的时候，柳树中的树汁量会增多，所以柳条会格外柔软有弹性，且柳叶还未长出来。这个时候的柳树皮也很容易从树枝上脱落。

因为柳树皮中含有水杨苷，所以在编制柳条时，会散发出清新的味道。水杨苷是天然的阿司匹林，有止痛效果，但是对孩子和孕妇并不适用。

听一听

狂野的柳鞭

挥动细细长长的柳条时，会发出"狂野"的响声！

年龄：4 岁以上

材料：还未分叉的细长柳条（垂柳、白柳、蒿柳都可以）

适宜时节：三月

拿起柳条，再使劲挥出去，这时会听到锐利的声音。

提示：大人要注意，小朋友们挥动柳鞭时，要让他们站在安全距离之内，防止有人被其他小朋友手里的柳鞭伤到。

飞镖盘

制作简单，结实还有香味！

年龄： 4 岁以上

材料： 细长的垂柳条（蒿柳也可以）、橡皮筋、绳子、纸张

适宜时节： 早春。当然柳条也可以在夏天收集，那样就需要先把叶子清理掉。

将几根垂柳条相互缠绕在一起，做一个圆环，也可以用绳子扎紧（大多数时候并没有这个必要）。

要做出一个结实的柳条环，需要如下步骤：

六根柳条（50 ~ 60 厘米长），放在一起，保证每头有三根粗头三根细头。

一头用橡皮筋扎紧，然后编成一根麻花辫。

把两头相互插在一起，做成一个柳条环。

将柳条环挂在晾衣绳上，或是固定在树上。

用飞镖或者削尖的鹅耳枥标枪（见第 28 页，鹅耳枥标枪），朝着柳条环发射。

规则： 柳条环的直径越小，飞镖射中柳条环时得分越高。

柳条跳绳

可以用柳条做出天然绿色跳绳！

年龄： 4 岁以上

材料： 还未分枝的细长柳条（垂柳、蒿柳、白柳等）、线

将所有柳条细的一头捆扎起来，粗的一头做把手。这样孩子们就可以比赛跳绳了……

拱门

不用了的柳条跳绳，可以把粗的一头插进地里当拱门用。

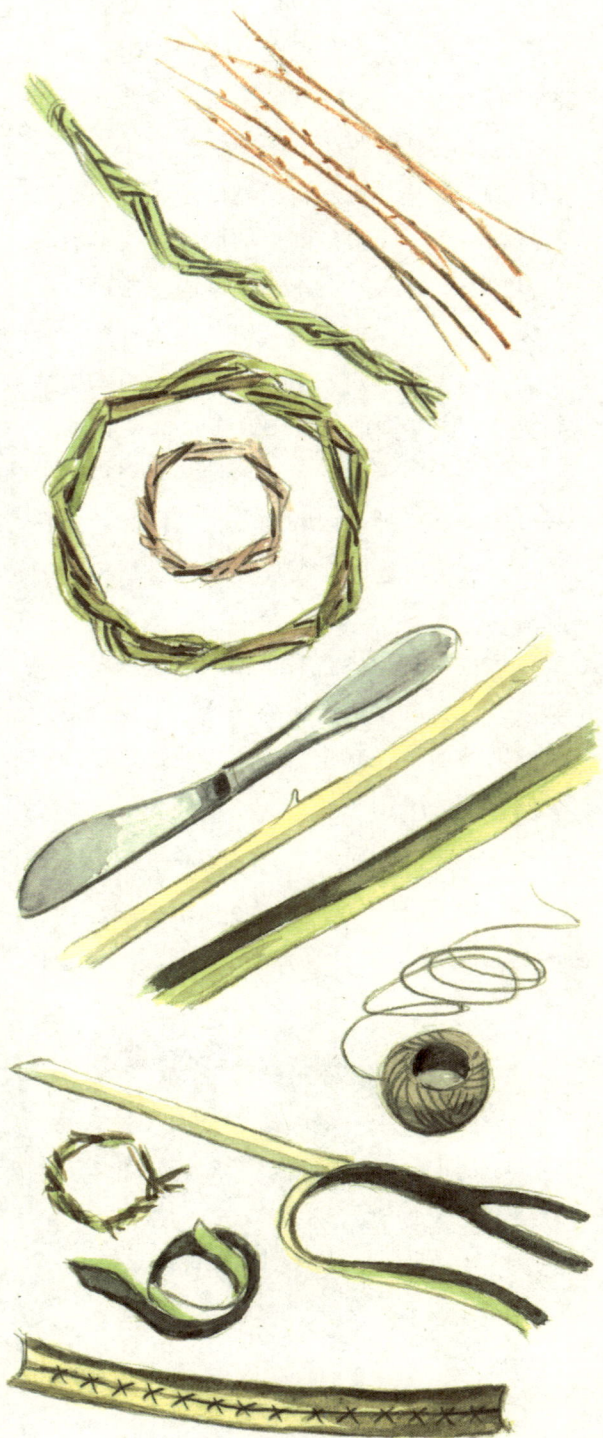

动动手＆摸一摸

树皮"皮革"

柳树树皮像皮革一样柔软坚韧,味道清新,而且手感非常好。

年龄: 6岁以上

材料: 柳条(直径至少1厘米)、餐刀、剪刀、毛线针、缝纫用锥子、粗的缝纫针、线、食用油、毛巾

适宜时节: 春天

贴士: 早春时节,柳树中含水量很高,所以柳树皮可以很容易地撕下来。特别是黄花柳和蒿柳,非常适合,因为它们的树皮很厚。尤其有趣的是,不同种类柳树的皮,因其树皮颜色不同,可以有不同的用途。而且树皮剥下来之后,如果不马上使用,干了的树皮在温水中浸泡一两个小时后,使用效果跟新剥下来的树皮一样好。

把柳条从上到下,纵向划开一条口子。用餐刀就可以做到。要用两只手小心翼翼地把树皮剥下来,免得撕裂树皮。

剥下来的树皮,可以用交叉针法把树支缝起来(非常细的树皮也可以编起来)。

缝时,为了保证树皮用针扎时不出现裂缝,可以先用锥子扎孔,然后再用针缝。

于是,一件一件充满浓郁印第安风情的装饰品诞生了:手链、腰带、小包、小篮子……

树皮手工艺品上可以有自己的名字(或是自己的格言):在新剥下来树皮的内表面上,用一根毛线针将要写的字句刺在上面。这些最初看不出来的字经过一段时间的氧化之后,会清晰地显现出来。

树皮用食用油来回擦拭,通过摩擦让树皮吸收食用油,其颜色会更鲜艳。

太细或太短的树皮,可以用来泡脚,对身体极有好处。满满一捧树皮,可以放在水里煮成汤汁。树皮本身含有的鞣酸会让水变成棕色。掺水的汤汁治疗汗脚很有用。

剥了皮的柳条非常光滑,可以用来做"飞镖盘"(见68页)。

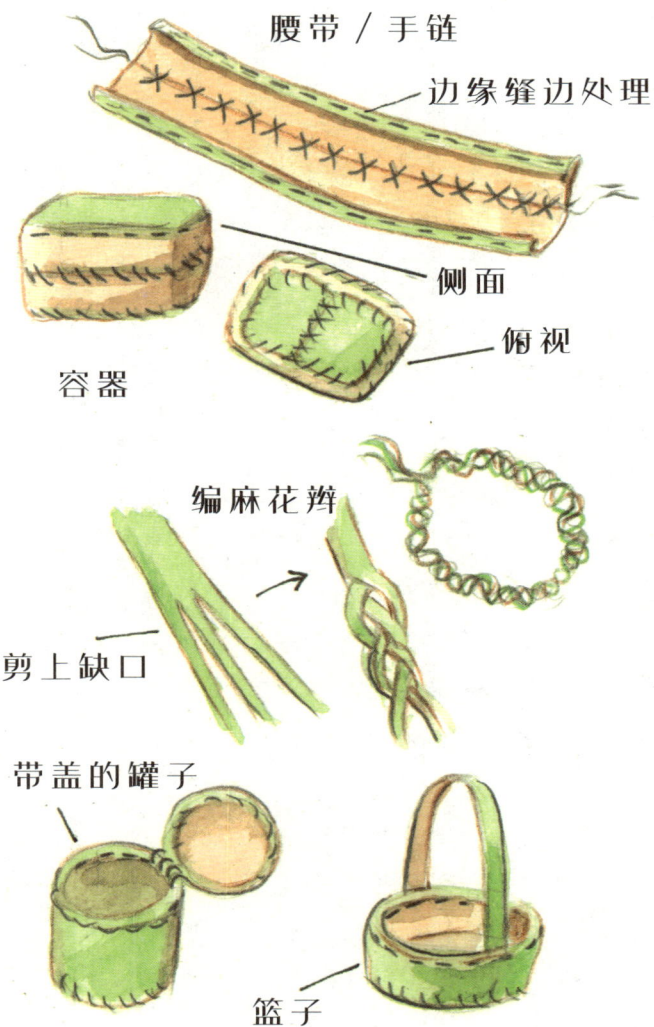

腰带／手链

边缘缝边处理

侧面

俯视

容器

编麻花辫

剪上缺口

带盖的罐子

篮子

毛茸茸的柔荑花序

最美丽、最毛茸茸的柔荑花序，要数黄花柳了。

一个黄花柳的柔荑花序由数量繁多的雄性花或不带花梗的雌性花组成，即由两根黄色雄蕊或一个大的绿色柱头组成。雄蕊或雌蕊坐落在长有长毛的苞片中间，而苞片对柔荑花序的带毛外层起了很重要的作用。黄花柳的雄性花序非常粗厚，毛茸茸的，后期会因为花粉变成金黄色。雌性花非常不起眼，是个头小小的绿色花朵。

棕榈枝在热带地区才能有，雄性花序可以当作"棕榈枝"，用来制作复活节前的棕榈礼拜天*用的棕榈花环。在乌克兰，棕榈礼拜天甚至被称作柳树礼拜天。

两种花序都会分泌出花蜜，为蜜蜂提供了丰富的养料。

除了分泌花蜜之外，柳树还有大量的花粉。

*每年复活节的前一个星期天，被称为棕榈主日（Palm Sunday）。因为在这一天主耶稣骑驴进入耶路撒冷，众人手拿棕榈枝欢呼迎接。也是从这一天起，主耶稣开始其受难周的行程。

摸一摸 & 动动手

毛茸茸的手工艺品

黄花柳的柔荑花序毛茸茸的，很柔软，非常适合做手工艺品！

年龄：4 岁以上（笔、猫咪脑袋、鸡蛋）；7 岁以上（花序、耳套）

材料：柳树（黄花柳）的柔荑花序、胶水、园艺专用铁丝、纸箱、剪刀、绿色与红色防水笔、鸡蛋（用塑料吹出来的鸡蛋）

适宜时节：三月到四月

毛茸茸的笔

把带柳絮的柔荑末端粘在笔上，就变成了独一无二的个人财产，也是毛茸茸的"面颊抚摸器"。

毛茸茸的猫咪脑袋

用纸板剪出猫咪脑袋的轮廓。涂上一层胶水。把柳絮粘在纸板上。眼睛、嘴巴用叶子替代（部分部位可以画上）。也可以用四种不同大小的柳絮做出一只小老鼠。

毛茸茸的鸡蛋

把柳絮无缝粘贴到鸡蛋上。

毛茸茸的花序

按照下图所示，纵向把柳絮串在园艺铁丝上，粘起来。

毛茸茸的耳套

把柳絮按照下图串起来，弯成耳套的样子，再粘牢即可。

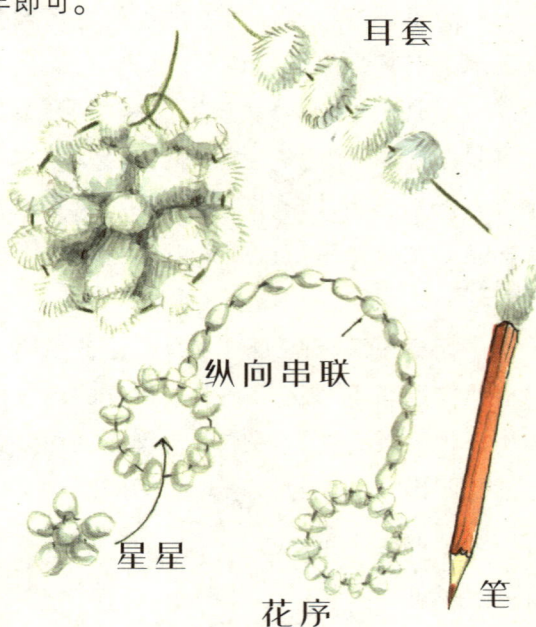

耳套

纵向串联

星星

花序

笔

老鼠

猫咪脑袋

甜甜的"棕榈枝"

在蔚蓝的天空下的棕榈枝，样子非常美丽，而新鲜烤制出来的"棕榈枝"味道也非常美妙！

年龄： 4 岁以上（由大人帮忙和面团）

材料： 500g 面粉、1 块酵母、120g 黄油、250 毫升牛奶、50 克糖、半汤匙盐、1 个鸡蛋、1 个蛋黄、去皮杏仁

制作： 将上面的配料（除了蛋黄和杏仁）混合，和成一个发酵面团。

面团发好之后，把面团分成拳头大小的小面团。

将面团揉成长条形状，刷上蛋黄液，贴上杏仁。

在 180 摄氏度下，烘烤 10 ～ 15 分钟。就是好吃的"棕榈枝"了！

"钓鱼"

黄花柳在开花之后，会长出叶子，其他柳树在这时也会萌芽。白柳与垂柳的叶子细长，背面还有很多银白色茸毛。它们的叶子外形很像独木舟、银鱼或者沙丁鱼。那些生长在水边的白柳，秋天时其柳条会滑入水中，到了十一月，把柳条拉出来，上面会带着很多很多"银鱼"。

柳树长发

绿色头发……

年龄： 3 岁以上

材料： 带树叶的柔软长柳条（例如杞柳和垂柳）

适宜时节： 从五月开始

长满树叶的柳条三根一组，把粗的一边捆起来，编成麻花辫，再将其绕成盘发。

用垂柳柳条可以做出最美丽的长发。

水蛇与银鱼

十一月，水色幽暗，银鱼和蛇在水里格外好看！

年龄： 4岁以上（可能需要大人的协助）

材料： 白柳与垂柳树叶（最好能在水边找到一棵白柳或垂柳）、网（捕鱼或捕昆虫的网）、纸、胶水、防水笔、烤肉串用的烧烤签子、牙签、蜡或橡皮泥

适宜时节： 从十月到十一月

水蛇

将白柳树叶首尾连接，直到一条蛇的样子出现。然后小心翼翼地让"蛇"滑入水中。

捕鱼

将水里的"银鱼"用网（捕鱼或捕昆虫的网都可以）收集起来，压在杂志中间，晾干，然后粘在纸上，单条鱼或鱼群都可以，将鱼其他的部位（鱼鳍、眼睛……）用笔画上。

沙丁鱼串儿

用白柳树叶做沙丁鱼，并排横穿在烧烤签子上，放入水中即可。

银色圣诞树

将白柳树叶如下图穿在牙签上。叶子从下到上尺寸应该逐渐变小。将银色圣诞树放在水里，或者用蜡（或橡皮泥）做一个底座，将圣诞树固定在上面，然后依次做出一片银色圣诞树森林。

银色圣诞树
橡皮泥底座

银鱼

水蛇

沙丁鱼串儿
烧烤签子

大头柳

大头柳是历史上人工培植的柳树类型之一。在古时候，这种柳树有非常重要的职能。其细长的柳条，用来编篮子、鱼篓或作为建筑的填充材料；而粗的柳条，则用来做栅栏、放蔬菜的架子或是铁铲和扫帚的手柄等。将柳树从上边把主干砍掉，保证它一直有嫩柳条生长出来。如果需要细柳条，就在每年冬天采取以上措施，如果需要粗柳条，就每二年修剪一次。柳树会越来越粗，而且会生长出越来越多的柳条，但是柳条在树上只能留很短的时间。如此一来，就有了一种很特别的柳树，叫作"大头柳"。

种一种

生机勃勃的花圃

大头柳常常在绿草地上成排站立。原因在于它们最初是当作栅栏树桩成排插进地里的。柳树树桩开始生根，渐渐长成树木。可以借鉴这种方法，制作一个高立花圃。

年龄： 5 岁以上（在大人的协助下）

材料： 12 根粗壮的柳树枝（直径约 3 厘米，长度约 1.2 米）、1～3 年树龄的柳枝（从柳树身上收集，或用那些被洪水扯裂下来的树枝，可以看到这些树枝颜色较浅、没有旁枝）、高立花圃用土以及其他所需材料

适宜时节： 春天

将较粗壮的树枝，作为基础构架，均匀排列（间距为 20～30 厘米）成圆形，并且至少插入土内 20 厘米深。接下来的几周，勤浇水，让树枝有足够的水分抽芽生根。如果气候比较干燥，即便发芽之后，也要在一段时间内，勤浇水。细嫩长柳枝将粗壮的树枝环绕起来。最上面的边，要横向加入一根粗柳条，编织固定在一起。这样做是因为高立花圃的填料是土，可以最大限度地避免出现缝隙。

将花圃一层接着一层，用切削碎料、肥料、花园及厨房绿色垃圾铺起来，最上面铺一层 15 厘米厚的花园用土。

接下来，就按照个人喜好，在花圃里种上蔬菜、香草或者草莓吧。

贴士：

● 如果从粗树枝上长出细柳条来，可以就势将其用作编制材料。如此重复操作，一两年之后，一个高立花圃就做成了。

● 如果将粗树枝先放在盛满水的水桶里，生根会更快，生了根的树枝种植起来也完全没有问题。

空心又珍贵的柳树"头"

在漆黑的夜里，大头柳很容易引起恐慌，因为它们的轮廓有时很像人。那些老柳树，特别是大头柳，是中空的。这是柳树的树干没有受到单宁酸的保护而逐渐衰老导致的。当树干中心腐烂时，其树干却继续向外生长。最外层的木头通过其精致的传导系统，从根上吸取养料传送到叶子上。

大多数的大头柳是白柳、蒿柳、爆竹柳修剪而成的。人们使用大头柳柳条编制容器，大约到1950年，塑料工业占据了市场，大头柳才被弃用。不再剪枝之后，柳树枝开始越来越粗，树"头上"的负担越来越重，经常有树干会开裂。中空树干成了昆虫、蝙蝠和猫头鹰的栖身之所，它们在里面筑巢做窝，因此动物保护主义者承担起了保护大头柳的任务。

摸一摸 & 想一想

柳树之谜

在雾气浓重的十一月里，极有可能看到一个可怕的身躯——冒着热气的头颅、根根头发竖起来的大头柳。那如果这个"怪物"还有一张脸呢？

年龄： 3岁以上

材料： 大头柳、黏土（直接在柳树旁边就可以找到）或者陶土、水、水桶

用水将黏土或陶土在水桶里和成泥巴。将泥巴抹在树干上，做出一个脸的形状。利用大头柳原本丑陋的形状，做出一张丑陋的脸。

杨树——"棉花"之树

杨树是一种很强大的树：它们生长坚韧如野生树种，还产生大量"可利用的垃圾"。杨絮，对孩子来说是最棒的杨树"垃圾"，同时对杨树本身生存下去也有着至关重要的意义。杨树上个头小小的绿色胶囊型蒴果，到了夏天会裂开，放出杨絮：颜色亮白、身轻如雪花、手感柔软。

不过，除了杨絮，杨树还有很多其他的好东西……

通缉令

黑杨

落叶乔木，属杨柳科。

绿踪何处寻？

河岸地区，多为人工种植，或杂交再种植。

欧洲山杨

银白杨

加拿大杨

银灰杨

叶子

清晰的疤痕

♀花

树皮

果实

树的形状：非常健壮挺拔，树冠宽度几乎与高度齐平，枝丫向外大幅度舒展。

树皮：从灰棕色到黑色都有，深邃的纵深树纹，树龄大的树有树疤。

叶子：皮革质感，三角形。

花：雌雄花皆为柔荑花序，外形为紫色圆柱体。

蒴果：两瓣形、自行开裂式蒴果，伞状种子。

有何特别之处？

- 黑杨已经非常稀少。人们常常将黑杨和杂交杨或加拿大杨混淆。不同杨树之间，总有过渡品种，但要清晰地对其进行鉴定，非常困难。
- 树龄高的黑杨在树干底部上有粗重而疙疙瘩瘩的树瘤，树龄小的黑杨，则有树枝直接从直干生长出来(水中旅行者)。
- 杨树最喜爱的生长环境，要土壤肥沃、含水量丰富。如果偶尔发生短暂的洪灾，对杨树不会造成什么影响。
- 杨树种子中不含胚乳，所以存活时间很短（一两周左右），需要在光环境下才能萌芽。
- 嫩些的杨树树叶，会像刷了一层亮漆一样闪闪发光。

	三月	四月	五月	六月	七月	八月	九月
花期		■	■				
树叶发芽期				■			
果期						■	■
落叶期							■ →

像杨树叶子一样 "哆哆嗦嗦"

杨树的拉丁语名字"Populus"，是古罗马人起的。因为杨树的叶子跟古罗马人民一样，总处在动荡之中。杨树叶子的叶柄，都从一个侧面挤在一起，因此叶面很难保持水平。只要稍微一点点风吹草动，叶子就立刻失去了平衡。但是弹性很好的叶柄之后会将叶子又带回到原来的位置。欧洲山杨因其叶子是圆形的，所以叶子一旦动起来，就格外引人注目。哪怕是最轻微的风，也能让它的树叶动起来，让人觉得它在"哆哆嗦嗦"地颤抖。在炎热的夏天，山杨甚至会在无风的天气里，也抖动它的叶子。叶子可以降温，让气态物质交换效果增强，也能让欧洲山杨长得更快。

颤抖的树叶

哪怕只是细微的风吹过，也能听见杨树叶子的响动。为什么？

年龄： 6 岁以上

材料： 杨树枝

小朋友坐在一起，闭上眼睛。领着大家做游戏的人，在他们头顶抖动树枝，小朋友请侧耳倾听叶子发出的声音：听上去，好像很多很多书页在同时翻动，又像是演出后观众的掌声。

拿一片杨树叶子在手中，从正面到侧面仔细地观察它的叶柄：正面看，叶柄很细，侧面看，叶柄很宽，整个叶柄很长。

即便只是朝着叶子轻轻吹口气，它也会开始抖动。

弗里德里希·吕克特的一首诗：

五大三粗的白杨树，
日日伸着长脖子，
除了将身上的树叶胡摇乱舞，
它们实在一无是处。

动动手

杨树怪物

银灰杨和银白杨的叶子上，秋天时常常布满小孔。如果这些白色的叶子落到秋天布满落叶的深色地面上，看上去很像怪物那令人毛骨悚然的脸。这是一个很恐怖的秋日手工游戏。

年龄： 3 岁以上

材料： 银灰杨或银白杨的落叶、报纸、黑色纸板、胶水、棉絮（药棉）或白色布料

适宜时节： 十月（万圣节时）

把杨树叶子迅速地（因为叶子会很快枯萎，要赶在枯萎之前）夹在报纸中间，再压上厚厚的一摞书。

把压干了的"怪物脑袋"粘在黑色的纸板上。怪物的身子用白色柳絮或白色布料做成。

动动手

杨树叶子碗

欧洲山杨的叶子格外美丽。冬天时，它们会变成银灰色。

年龄： 5 岁以上（在大人的协助下）

材料： 杨树落叶、糨糊、木头用胶、塑料桶、木棍、毛刷笔、水、气球、废弃的锅、针

适宜时节： 秋天和冬天

贴士：

● 最适合做树叶碗的叶子就是软塌塌、湿漉漉，最好还带腐烂气味的杨树叶子。从十二月开始收集叶子最好，因为这个时节的杨树叶子，已经经过落雪或是下霜，叶子很柔软。

● 同样适用的，还有枫树、欧洲鹅耳枥和柳树的落叶。而质地极为坚硬的榉树和橡树树叶，就不适宜做这个手工。

在桶里和好糨糊，兑入一些木头用胶（木头用胶加得越多，做出来的碗就越结实），搅拌均匀。

把气球吹起来，圆的一边朝上放在锅上。

在气球表面刷一层糨糊，然后贴满树叶。在树叶上刷满糨糊，再贴上一层树叶。如此反复四五次。落叶的层数越多，碗就越结实。

之后放在通风而且暖和的地方烘干，例如暖气上。

一周以后，树叶碗会变得坚硬结实。这时拿一根针，戳破气球，碗就做成了。

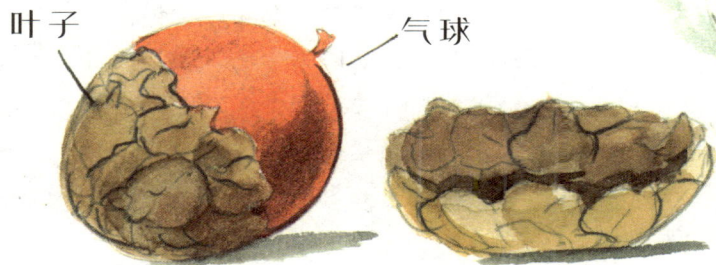

叶子　　气球

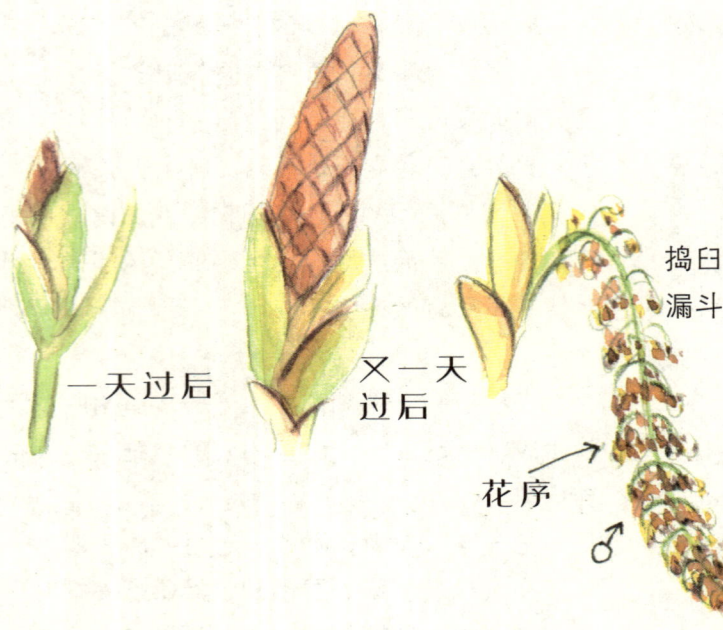

一天过后

又一天过后

花序

杨脂膏

杨树的叶芽表面布满了黏腻的树脂。这层树脂的任务，是保护叶芽不受害虫、细菌等的侵蚀，更要帮助杨树抵住冬季的严寒。春天杨树发芽时，叶芽散发出膏脂的香气。用杨树叶芽可以制作杨脂膏，它可以治疗伤口。

花序在叶子之前长出，这个特性对于风媒传播的树种有一个好处，就是花粉传播时不会被自身的叶子挡住。雄性花序呈圆柱形，非常粗，紫色，整个花序看上去像蝴蝶小时候——毛毛虫。雌性花序很细，黄绿色。

蜜蜂需要杨树树脂来制作它们的蜂胶，蜂胶可以让蜂房保持密封，不受细菌的侵害。杨树叶芽的成分可以用来防水、消毒和止血。

杨树叶芽

杨树叶芽也不仅仅是为蜜蜂存在的！

年龄： 4 岁以上

材料： 正处在渐渐张开阶段的杨树叶芽、捣臼、筛子、橄榄油、可密封的玻璃瓶、滤纸、漏斗

适宜时节： 三月到四月

贴士： 黑杨的叶芽最有治疗功效。

将收集来的叶芽放在臼里捣碎。

树脂茶

治疗流行性感冒和发烧。

1 汤匙叶芽碎末，倒入热水，放置 5 分钟。

将叶芽碎末筛除。

味道甜甜的，有点像蜂蜜，香气浓郁。研碎了的叶芽也可以烘干封存。

杨脂膏

可以用来做伤口软膏或伤口油。

100 克研碎的叶芽末放入玻璃瓶里，加入约 200 毫升油，搅拌均匀。盖上盖子密封。两个星期内，每天摇匀或搅拌一次。之后将叶芽碎末筛除（带凡士林的油或软膏，可以放在浴缸里使用）。

杨絮

一棵杨树一年中，大约可以有 2600 万颗种子。在德国的植物中，属于产量冠军。当杨树的蒴果成熟时，会自动开裂，释放出大量种子，这些种子全部被浓密的绒絮，即雪白色的杨絮所包裹。初夏时节，一朵朵小小的杨絮，会累积成大片的"白云"。杨树的种子，因为其杨絮，会彼此粘在一起，变成一团团的杨絮，这些杨絮跟鸭绒一样，即便没有风的带动，它们自己也会飘出很远。有的落在地上、有的落在水里，甚至在水上还会继续向前"游行"。城市中，造成这种"棉絮负担"的，多数为雄性杨树。

在物资紧缺时，杨絮还是做纸浆的原料。因此，杨树在美国还有一个名字叫"棉树"（Catton Wood）。杨絮有非常卓越的性能：其纤维如鸭绒一样暖和，但比鸭绒有更优越的水分挥发性能。在轻巧、保暖及排水三大功能同时兼备的效果上，没有任何材料能与杨絮比肩！

杨絮"大爆炸"

一场毛茸茸又十分壮观的"演出"！

年龄： 3 岁以上

材料： 成熟但还未开裂的杨树蒴果

适宜时节： 六月起

将成熟的蒴果放在干燥地方，定期查看其变化。

会发生什么？

- 二十四个小时之后，蒴果开裂成两瓣。
- 四十八个小时之后，杨絮会"爆炸"，冲出蒴果。
- 三天之后，杨絮"爆炸"程序完成，杨絮将整个蒴果重重包裹住，蒴果壳此时完全不可见。

杨絮　　空蒴果

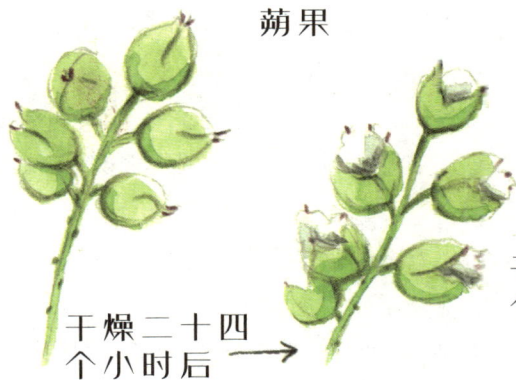

蒴果

干燥二十四个小时后　→　干燥四十八个小时后　→

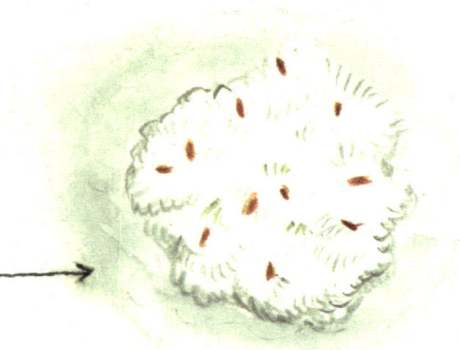

杨絮小绵羊

用黏土做小羊的身体

用杨絮做羊毛

蒴果壳做嘴巴、眼睛和耳朵

杨树树枝

"棉"羊

摸上去软软的！

年龄： 3（5）岁以上。

材料： 杨树叶子、杨树细枝、杨絮、手工用胶、黏土

适宜时节： 六月以后

对于小一点的孩子来说：

小羊的身体可以用黏土来做，然后贴上杨絮（不用任何措施也不会脱落）。

对年纪大一点的孩子来说：

用两片大小不一样的叶子，来做小羊的身体，然后粘上杨絮，小羊的腿用杨树树枝做出；小羊的嘴巴、眼睛和耳朵则用蒴果壳表示。

把杨絮粘在树叶上

用蒴果做蹄子

用两片叶子做身体

杨树树枝

抢杨絮游戏

杨絮身量纤纤，轻盈如雪花，是"杨树雪绒"！

年龄： 3岁以上

材料： 杨絮

适宜时节： 六月到七月

所有的小朋友围坐在桌子边，领导游戏的人将杨絮吹到空中。每个小朋友要用最快的速度抢杨絮，然后做成杨絮绒球。最后看谁的绒球最大，谁就赢了。

杨絮雪

在一段固定的时间内，小朋友们要收集像雪一样的杨絮。小一些的小朋友，也可以用捕蝶网。但是只能收集还未落地飘着的杨絮。时间结束后，把大家的杨絮绒球称一称重量，谁的最重呢？

贴士： 当然，著名的"吹棉花游戏*"，也可以用杨絮团取代棉花团。

材料： 棉絮团、麦秸秆、桌子

规则： 两个对手，分别对立站在桌子的两边，桌子中心放一小团棉花。

哨声响起后，两个对手分别用嘴里的麦秸，将棉花团奋力吹向对方，在对方区将棉絮吹出桌子边缘，算本方胜。

比赛过程中，双方不可用手或麦秸碰触推动棉絮，更不可试图用身体阻挡要落下桌子的棉絮。

此比赛需两两进行。可以两人单独成赛，也可以轮赛逐一对决。

*在德国比较有名的游戏，对身体灵活性及反应灵敏性有很高要求。

自由地生长，自由地坠落

一直到夏末，杨树上还会不断长出新枝。于是，长出新叶子的，不仅仅有早春的叶芽，也有夏天才在新枝的枝头长出的叶芽。晚生的叶子在枝头停留的时间，也比早春的叶子要长。

在干燥的夏季，会有叶子尚且翠绿的杨树枝自动脱落的现象，这是为了减小杨树水分蒸发的面积。树枝的脱落，与树叶脱落一样，通过一个事先准备好的"脱落部位"来实现，所以树枝的脱落处很像一个关节。树枝脱落之后，有可能会落到水里，被流动的水带到岸边，然后生根。这是大自然绝妙的"纯机械式的无性传播繁殖"！

杨树的再生功能非常强大，且生长极快。剪下的杨树枝插养一年后，就可以生出几米高的嫩枝，缀满鸡蛋一样的硕大叶子。

看一看

"关节"收集

带关节的杨树树枝！
年龄： 6 岁以上
材料： 能够到树枝的杨树

在杨树上寻找带关节的树枝，从关节部位折断。树枝可以非常容易地被折下来。折下来的树枝可以用在下一个环节中。

种一种

杨树林荫道

杨树常常栽种在道路两旁，用于防风或是用作保护隐私的花园树墙。一条迷你的杨树林荫道也不难做。

年龄： 4 岁以上
材料： 杨树树枝、水桶（盛满水）
适宜时节： 冬天或春天

在春天或冬天，从杨树上折下树枝，插进盛满水的桶里。

两周后，树皮从侧面开裂。可以看到 5 毫米大小的白色小块。这个白色组织，就是以后会生出根的生长层。

将已经生根的嫩枝插进土里，树杈间距要相同。如果水分充足的话，也可以不等生芽冒出新枝就直接将树枝插进土里。

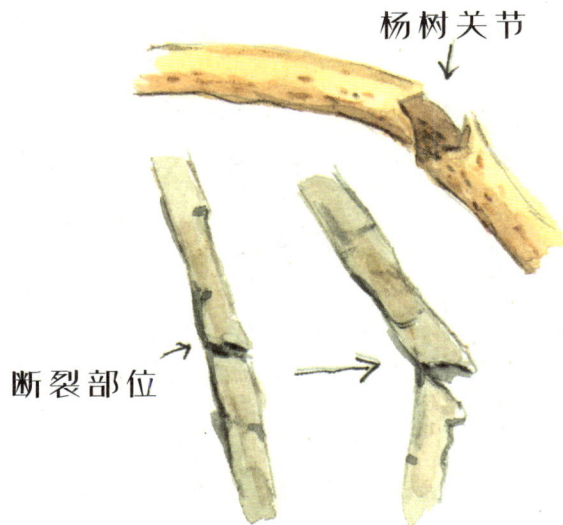

杨树关节

断裂部位

杨树是如何知道应该并排生长的？

（一则古老的印第安童话）

不过，也就只有在童话里，杨树才能长得那么快啦！

很久很久以前，有一个父母双亡的年轻人，带着自己的三条狗，跟他奶奶住在一起。他是个非常优秀的猎人，数不清的鹿都是他的猎物，有时他还能捕到野牛。所以他居住的帐篷里，从来不会有饥饿。

野牛们集体决议，要杀死猎人。它们召开大会，希望能找出一个对它们来说最好的方法。它们得悉，年轻的猎人很想有一位妻子，于是两只野牛变成两个美丽的姑娘出现在猎人的帐篷外。猎人的奶奶对这两张漂亮的面孔心生怀疑，三条狗也朝着两个姑娘愤怒地嘶吼。可是猎人不听奶奶的话，把狗拴在柱子上，好生招待两位姑娘。结束后，还用柔软的皮毛为她们铺床，好让她们过夜。

第二天早上，两个姑娘准备起身回家。

"跟我们一起去吧。"二人邀请猎人同行。奶奶不听她们的花言巧语："他不会跟你们走的。他跟我留在家里。"可猎人未听奶奶的话。

于是，奶奶说："至少带上你的弓箭吧，你会用得上。"就这样，猎人带上弓和箭，跟两个姑娘来到了大草原上。野牛群已经等在那里了。两个姑娘也变回了她们原本的样子，围住了猎人。

他想起了自己的武器，于是朝着地上射出了第一箭。那支箭立刻变成了一棵杨树，猎人爬到了杨树上。但是野牛群仍不放弃目标。它们用角疯狂地想把树撞断。于是猎人又射出第二支箭。在第一棵杨树旁，又迅速地长出了第二棵杨树，他爬到了第二棵树上。

猎人已经射出了四支箭。而野牛群几乎把每一棵树都撞断了。猎人便将他的弓也插进了土里。野牛群对弓长成的杨树就无可奈何了。

这时猎人呼唤他的三条狗。他第一次呼唤时，野牛们哈哈大笑。第二次呼唤时，野牛们还是嘲笑他。可他发出第三声呼唤时，三条狗挣脱了绳索，冲进了大草原。野牛群落荒而逃。

就这样，三条忠实的猎狗、魔法弓和魔法箭一起救了猎人的性命。同时，杨树也在这场战斗中，学会了应该并排在一起生长。

桤木——湿漉漉的树

一种没有树尖、萌芽时黏糊糊的、叶子圆形没有尖的树，属于夏季落叶乔木。它还会"流血"，根上长了很多细菌瘤，并且生长在沼泽地带。从这几点来看，它是不是已经让人毛骨悚然，至少让人觉得很特别了，对吗？

通缉令

欧洲桤木

落叶乔木，桦木科。

绿踪何处寻？

在所有潮湿的地带，河岸森林、沼泽森林，还有溪水沿岸地区。

叶子萌芽

树皮

叶子

花

♀ ♂

果实

种子

未成熟球果　　成熟球果

树的形状：树形较小，没有树尖。
树皮：深色，裂纹树皮。
叶子：倒卵形（倒鸡蛋形）、钝圆形（没有叶尖），两边叶缘锯齿形。
叶芽：鸡蛋形，棕紫色，表面发黏。
花：单房花室，雄性花序下垂状，雌雄花序竖直。风媒传播。
果实：球果，坚果型种子，分有翅和无翅两种。

有何特别之处？

- 所有德国本土树种中，根系最深的树种，其根系因为外形被称作心形根系。
- 桤木的木头属于软木（没有"主心骨"的木头），但在水中木头会变硬，并且使用寿命很长。
- 桤木需要大量的光线，虽在长期潮湿的环境中可以存活，但树本身寿命很短。

	二月	三月	四月	五月	六月	七月	八月	九月	十月
花期		■	■						
树叶发芽期			■						
落叶期								■	
果期									■

早早就开花的树

　　桤木的花期非常早，甚至在前一年，花序已然长好。如果遇到暖冬，桤木甚至会在一月份就已经开花，因此成为第一个重要的花粉源。雌性花序直立在枝头，通体紫色，最终会长出一个球果。而雄性花序在渐渐成熟的过程中，会越来越粗、越来越长，颜色也由棕色渐渐变成紫色。当风来时，雄性花蕊会被散播花粉，这时它们会被花粉染成黄绿色。

会发生什么呢？

- 花序会越来越长，越来越粗。
- 颜色也从棕色转至紫色，最后变成绿色。

配了芥末与番茄酱的"香肠"

香肠印刷厂

常温下，放入水中一个星期后

小香肠开始张开

两个星期后

看一看
紫色香肠

　　在温暖的室内，让"香肠"提前成熟，并观察整个过程。

年龄： 5 岁以上
材料： 带未成熟雄性花序的桤木树枝
适宜时节： 十一月到十二月

　　在一个温暖的房间里，把桤木树枝插进水里，观察花序的变化。

动动手
香肠印刷厂

　　坚硬的桤木"香肠"可是非常好用的手工材料。

年龄： 5 岁以上
材料： 未成熟的桤木花序、胶水、纸箱、剪刀、防水颜料、毛刷笔、发泡胶球
适宜时节： 从秋天到冬天，即从九月到下一年三月
贴士： 不适合对此有过敏的人。

香肠印刷厂

　　用桤木"香肠"可以摆出字母的造型，反向贴在硬纸板上。特别适合做印章。

　　粘好后，先让胶水晾干，刷上颜色，然后印在纸上。印在纸上的字，就是正向的。

绿色落叶

桤木的叶子，也是独一无二的。

初夏刚至，桤木的叶子已经落了过半。这些落下的叶子，全部都是那些早萌芽的和在树的底部的。它们长期处在树顶或那些晚生树叶的树荫下，使得它们无法继续存活。这就是桤木对光线极度需求的一个表现。

秋天时，桤木的叶子也会在仍旧是绿色的情况下，从树上落下。出现这个现象，是因为那些桤木靠近地面根系上长出来的疙疙瘩瘩的物体。这些树疙瘩分泌出一种细菌，可以直接将空气中的氮进行转化，这样桤木就能直接从空气中汲取养分。桤木呢，则用叶子光合作用产生的糖分，来养活这些微生物。所以桤木也不需要赶在落叶期来临之前，赶紧将叶子里的养料吸收来，还绿的叶子尽可以落下。富含氮的桤木落叶，又成了地面分解生物的盛筵，到了第二年春天，这些绿色落叶会由微生物分解殆尽。

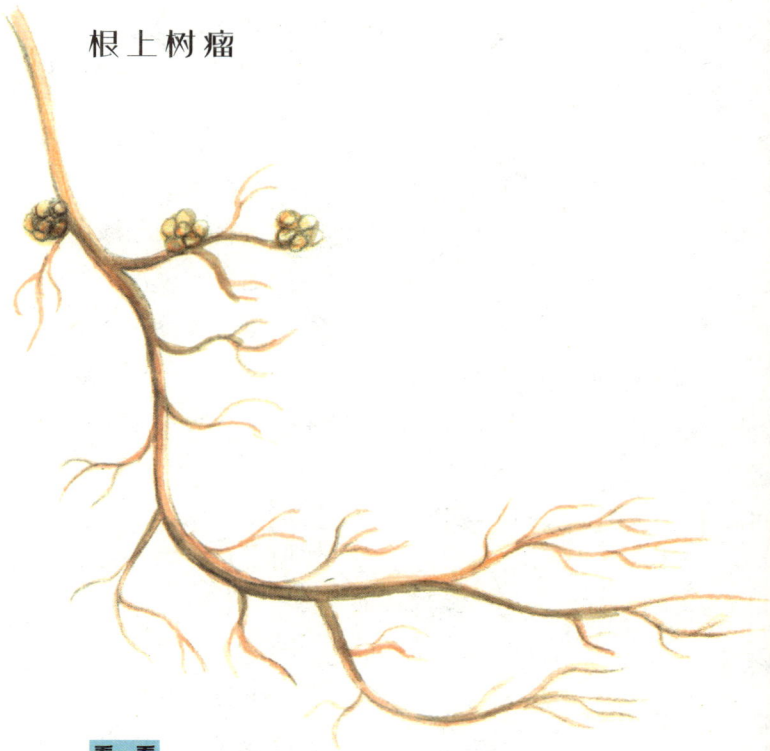

根上树瘤

看一看

寻找树疙瘩

去找细菌树疙瘩……
年龄： 6 岁以上
材料： 桤木、小铲子

在靠近地面的位置，将桤木根周围的土铲开，露出桤木根和它的周围。这时就可以看到橙色的疙瘩。树根越粗，树疙瘩就越大。这些疙疙瘩瘩的物体，个头不一，有像大头针的头那么大的，也有像苹果一样大的。

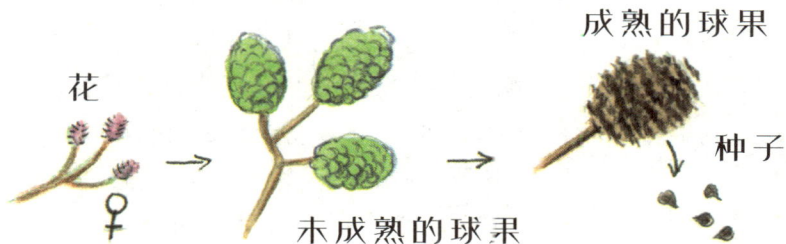

雌性果序生长过程

花 → 未成熟的球果 → 成熟的球果 → 种子

结球果的落叶乔木

对于落叶乔木，其雌性果序最后长成一个球果，是很不常见的现象。在夏季是绿色的球果，长到秋天，颜色会越来越往棕色演变，并且逐渐木质化。直到来年开春，球果里的种子才会成熟。富含油脂的种子里充满空气，当作种子的游泳垫实在是再理想不过了！从冬天到初春时节，种子从球果中飘落，由风吹向远方，或者又随着水漂向远方。种子在水中可以存活十二个月。种子随着水可以有极大的机会找到水草丰美的原始土地，水传播的有效性非常高。

家里有水族箱的人，非常喜欢使用桤木的球果，因为从球果里流出的单宁酸既可以预防鱼儿生病，又可以调节水的酸碱值。

动动手

球果手工作坊

桤木的球果可以互相插在一起，而且不会散开！

年龄：5 岁以上

材料：桤木球果、桤木树枝、桤木叶芽、黄色与白色防水笔、毛刷笔、玻璃纸或白色棉纸、胶水、黄色彩笔、黄色纱线、园艺细铁丝

将球果按照不同效果插在一起，再配上相应的四肢或翅膀等，就可以用球果做出各式各样的小动物。

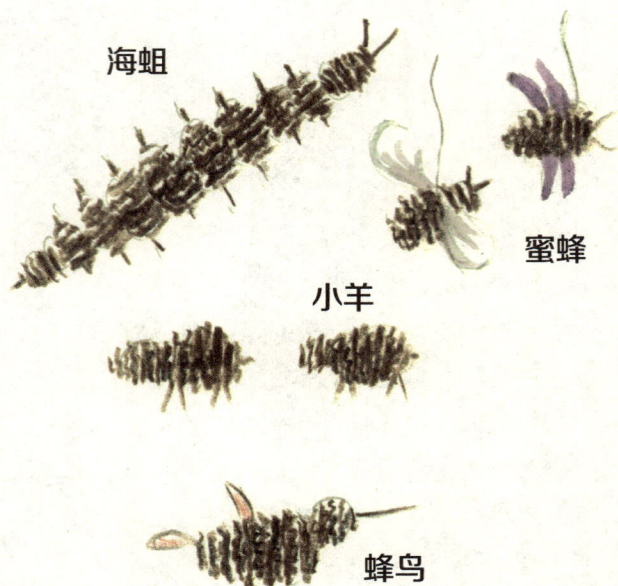

海蛆

蜜蜂

小羊

蜂鸟

海蛆：将多个桤木球果一排穿插在一起。所有的肢和触角用桤木树枝代替。

蜜蜂：将球果染成黄色，用棉纸或玻璃纸做翅膀，画上翅膀的纹理。将翅膀和用桤木树枝做成的触角，用胶水粘在球果上。然后把蜜蜂挂在一根树枝上。或者更好的是，取一根尚且挂满球果的桤木树枝，直接将这些球果做成一群蜜蜂。

小羊：取两个大小不同的球果插在一起，四肢用细小的桤木树枝，尾巴则用球果的果柄。最后将小羊染成白色。

蜂鸟：两个大小不同的球果插在一起，其中一个要有长长的果柄，作为蜂鸟的喙。翅膀用叶芽做。

贴士：桤木上终年都会悬挂着球果。老的球果落地之时，早就有新球果挂在枝头了。夏天时，甚至能看到两代球果同挂一枝的景象（黑色和绿色）。等到叶片落尽，在光秃秃的树上，球果格外清晰可见。

球果墨汁

欧洲桤木属于最传统的颜料树种之一。花朵可做绿色颜料；树枝则是红棕色；树皮与铁锈一起，可以做出黑色颜料。黑色颜料也可以用桤木叶子和球果一起做。最后的这一组组合最为让人觉得不可思议！

年龄： 4 岁以上

材料： 球果、两个玻璃碗、水、生了锈的铁钉

将两个玻璃碗里注满水，各放入数量相同的球果。其中一个碗里放入一些生了锈的铁钉。

会发生什么变化？

● 所有球果立刻释放出颜料。放了锈钉的碗里颜色更浓。

● 一个小时后：不带铁钉的碗里水变为浅棕色；带铁钉的一碗水则为深棕色。

● 二十四个小时后：不带铁钉的碗里，水呈中棕色；而带铁钉碗里的水，则变成了黑色。

这是什么缘故？

球果中的单宁酸遇到铁之后，发生反应，变成黑色。

球果墨汁可以当作墨水使用。

贴士： 桤木的叶子与铁锈一起放入水中，也可以将水染成黑色。也正是这个缘故：落在池塘或是沼泽地里的桤木叶子，与里面的铁物质一起，将水染成了黑色。

水宝宝

我们一起做一个桤木水族馆。家里有水族馆的人会很熟悉！

年龄： 5 岁以上

材料： 带成熟球果的桤木树枝、大玻璃瓶（例如放酸黄瓜的玻璃瓶）、小石子

适宜时节： 冬天到第二年春天

将放酸黄瓜的玻璃瓶作为水族箱，里面放入小石子、贝壳、树枝之类的做"装修"。将桤木树枝"整枝"放入玻璃瓶内，注满水。如果水分蒸发了，再补上。

一个星期之后，就会有第一批种子萌芽。几天之后，水宝宝们就需要水分充足的土壤，才能长成桤木树苗。

ERLENTINTE

Camilla

容器

水的颜色开始
变成红棕色

榀木树枝

干了后呈橙色

榀木的"血"

看一看榀木"流血"的样子……

年龄: 5岁以上(在大人的协助下)

材料: 榀木、剪枝剪刀、带水的容器

适宜时节: 春天

在春天时,找一棵榀木,将一根至少拇指粗的榀木树枝剪下来,插进水里。树上剪断的位置会变成血红色,干掉时,是橙色。而插入榀木枝的水会变成红棕色。

贴士: 这个实验只有在榀木分泌树汁期才可以进行。

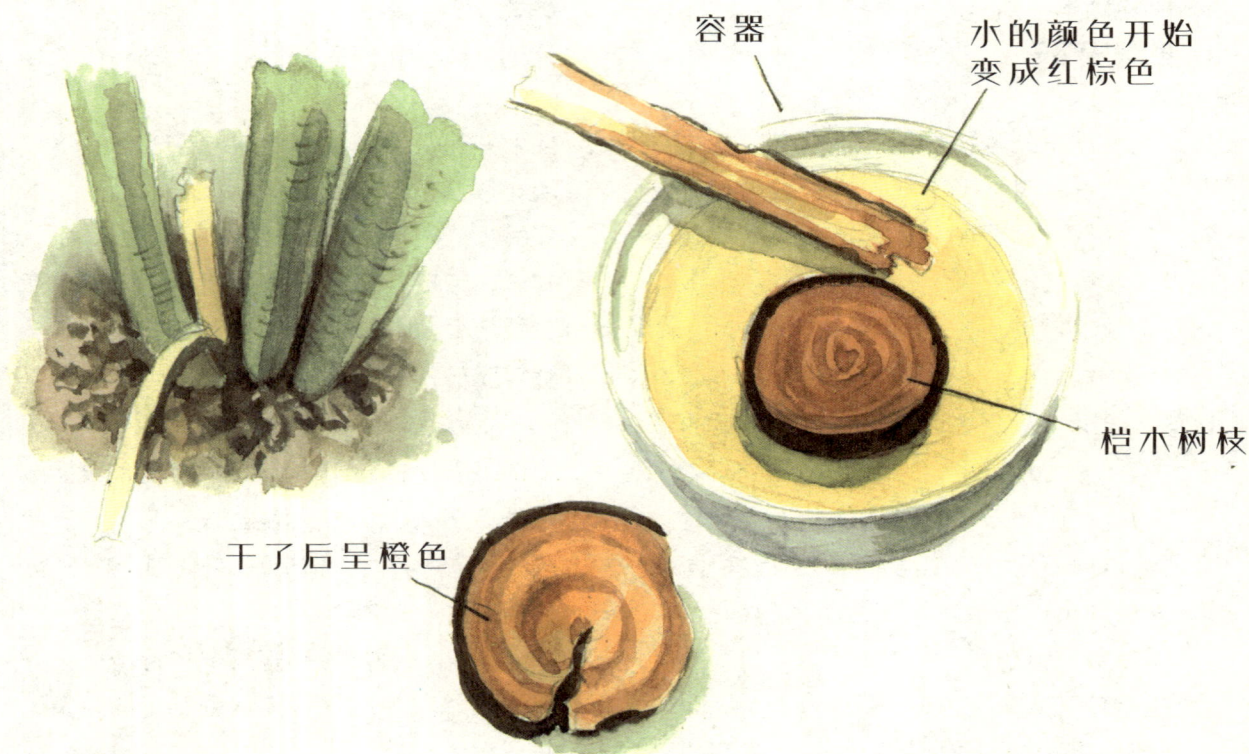

"血淋淋"的时刻

曾经有传说,如果被砍了,榀木会像人类一样觉得疼痛。原因在于:如果在早春时节,修剪砍伐榀木,砍的位置,会变成红色,就像是"流血"了!这些红颜色,是因为细胞中某些物质被氧化(氧化作用)而形成的。

很多关于榀木的民间神话与榀木偏爱在潮湿的沼泽地区生长有关。这样的地区对人类来说,却偏阴森冷郁。所有在森林里徒步的人,总害怕会迷路,因此遇上幻化成女巫的榀木,头发与骨头都像刚砍倒的榀木一样血淋淋的,随时会引诱迷途的羔羊落入沼泽的陷阱中。

桤木女巫

（另一则南蒂罗尔地区的古老传说）

在南蒂罗尔的乌顿地区，有一个农夫的儿子在偷偷看一群女巫打架。打着打着，其中一个女巫被大家撕成了碎片。众女巫商议之后一致决定，要把这个女巫再拼接起来。弄丢的那根肋骨（被少年捡走了），就用桤木枝代替。女巫立刻就活了过来，但她有一个软肋：只要有人一说"桤木女巫"，她就马上会死。不幸的是，第二天当少年见到村子里最漂亮的姑娘时，就说了这句话……

城市树木

悬铃木——悬"铃"之树

悬铃木可以忍受很多：汽车尾气、沥青、干燥的气候、不断的修剪……反正它是很适合在城市里生活的树。当然，它也"贡献"着纯天然的产品：树皮、皮革一样的叶子和很多很多悬挂在树上的"铃铛"。

通缉令

英国梧桐

又称二球悬铃木，落叶乔木，悬铃木科。

绿踪何处寻？

林荫大道上、公园里。

叶芽

花 ♂

树皮

种子 ♀

树的形状：树冠宽阔。
树皮：白绿色块状树皮。
叶子：手掌形，分瓣（多为五裂，同枫叶相似）。
叶芽：只有一片叶芽鳞片，红棕色，个头偏大。
花：黄色，球形花序，雌雄同株（雌性花序与雄性花序分开）。风媒传播。
球果：带果柄的球形聚花果*，坚果状种子（像小伞一样可飞行）。

*聚花果，其果实是由一个花序上所有的花，包括花序轴共同发育而成的。典型的作物有菠萝和桑葚。

	四月	五月	六月	七月	八月	九月	十月
花期							
树叶发芽期							
果期							
落叶期							

有何特别之处？

- 英国梧桐，即二球悬铃木，是一种在1650年培育出来的杂交树种，由美国梧桐和对霜冻极为敏感的东方树种法国梧桐杂交而成。第一棵杂交成功的"混血儿树"出现在牛津的植物园中。
- 悬铃木的嫩叶、嫩枝和花序表面都有一层毛状体*覆盖。如果人类将这些正在飘落的毛状体吸入，会引发呼吸道感染，即所谓的"悬铃木咳嗽"。
- 法国梧桐因为很怕霜冻，所以在德国很少见到。但在地中海地区的河流沿岸很常见。

*植物表皮细胞上的突起，包括毛、鳞片等。

恐龙的脖子

悬铃木有着独一无二的树皮：树干上有一块一块的像奶牛一样的色斑。而它强壮有力的树枝，则让人想起恐龙的脖子。你猜这是为什么呢？由于不断生长的缘故，树干会不断地将最外面的树皮以大块大块的方式脱落。在炎热夏天的夜晚，甚至能听见树皮脱落时的声音——咔嚓咔嚓！有灰棕色树皮脱落的地方，会露出（看树皮脱落的时间长短）像"马赛克"一样的白、黄、绿三色相间的色斑。在树的周围，则布满了脱落下来的树皮。

听一听 & 玩游戏

树皮拼图

看一看，地上的树皮是从树干上哪个位置掉下来的？

年龄： 3 岁以上

材料： 树龄高、高大粗壮的悬铃木

适宜时节： 夏天

年岁久远的悬铃木周围，总会有刚刚掉下来的树皮。小朋友可以像玩拼图一样，拿起一块树皮，在树干上找到它原本的位置。甚至在游戏的过程中就能听到树皮脱落的"咔嚓"声。炎热又干燥的夏天夜晚，是听这"咔嚓"声最理想的时间。

如果树皮从树干上来，自然也能"回得去"啊。

这不是枫叶

悬铃木的叶子形状非常像枫叶，两者可以通过触摸辨别：悬铃木树叶极为结实、柔韧，质感很像皮革。也正因为这个缘故，它们非常结实，从树上落下之后，腐烂分解的速度比枫叶慢很多很多。另外，它们不会变色。悬铃木的落叶期很晚，一般在叶子全部干掉之后，才会脱落。相较于枫树的叶柄，悬铃木的叶柄粗壮得多，且是中空的，这个特性使得它非常适合用来做手工。

动动手

叶子包包

用叶子做的包包和勺子，既好做，又结实！

年龄： 4 岁以上

材料： 悬铃木树叶、牙签、松针或小细枝、木棒

拿一片悬铃木树叶，按照下图折叠，穿插进牙签、松针或小细枝，固定起来。

这个叶子包包，既可以用来收集玩具球，又可以当作小鸟宝宝的鸟窝（见第95页，多功能悬铃木球果）。

在中空的叶柄上，插进一根小木棒，包包就成了一把煮汤时用的勺子，或者是一根大烟斗！

动动手

风车

悬铃木叶子的叶柄是中空的，所以可以插些东西进去……

年龄： 4 岁以上（在大人的协助下）

材料： 若干大大的悬铃木树叶、牙签、竹枝、大头针、线

把牙签的两端，分别插进中空的叶柄中（即风车的轴套），十字交叉摆在一起，用线绑牢，同时把一根大头针尽可能居中垂直地绑在两根牙签中间。大头针尖的一边，插进同样中空的竹枝中。将悬铃木树叶往一个方向缠卷起来。

最后找一个有风的地方，把做成的风车插进地里就成了。

另外： 悬铃木的树叶非常结实柔韧，保留时间也很长，所以即使是掉落在地面上的树叶，也可以用来做风车。

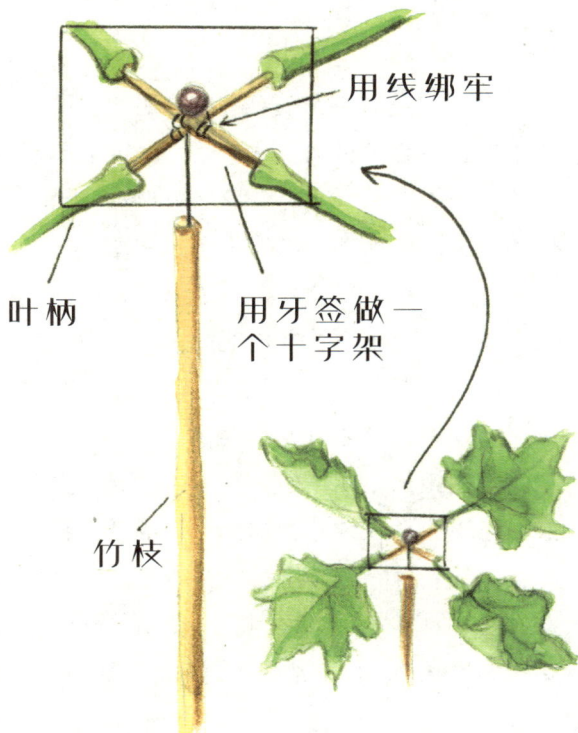

用线绑牢

叶柄

用牙签做一个十字架

竹枝

悬铃木种子

眼睛用笔画上

"悬铃"球果

悬铃木上的球果，有自己很特别的地方：到四月底的时候，球果的个头已经有弹珠那么大了，到了夏天个头长大、颜色变绿，再到晚秋时节，则成了高尔夫球大小的棕色球果了。

冬天时，球果的柄会有些许腐烂，所以球果在枝头容易晃动。球果整个从树上脱落的情况极为罕见，而是一块一块地从球果上脱落。很多球果都可以挨过冬天的寒冷，成为"寒冬幸存者"。甚至到了五月，悬铃木已经长出新叶子了，在树冠的顶部，还挂着去年的球果呢。

单个的悬铃木种子，会像小伞一样，随风飞至短距离范围内的"远方"，或是在湿润状态下，粘在别的物体上，再或者由移动的人和动物踩在种子上，将其带走。一旦狗踩在这些种子上，会很不舒服，因为种子上尖尖的毛状体，有可能会让狗患上皮肤疾病。

剥开球果看看

悬铃木的球果果序，是由什么组成的？

年龄：5 岁以上

材料：成熟的悬铃木球果、胶水、黑色防水笔

适宜时节：晚秋

贴士：还未成熟的绿色球果非常紧实，根本掰不开。已经成熟了的棕色球果可以掰开。

注意：球果里种子飘落的时候，会有很多细碎的"毛毛"，对此敏感的人，会有"过敏"反应。

把球果紧实的种子表层剥去，剥下的种子会堆成一座小山！每颗种子，都像一把合起来的迷你小雨伞。

难以想象，这小山一样的种子，竟然每颗都能在球果上找到自己的位置！

剩下的，就是一个毛茸茸的、个子小了很多的"球"。这可以作为下面游戏的基础材料。

毛茸茸的猫咪或泰迪熊

两个上述毛茸茸的球果核（其中一颗要带果柄——做尾巴）粘在一起，画上眼睛，胡子和耳朵则用悬铃木种子做出来。同样，也可以做出泰迪熊。

其余还可以尝试的（自然中的），比如：一脚将一颗成熟了的悬铃木球果踩碎。踩下来的种子会粘在棉袜上。

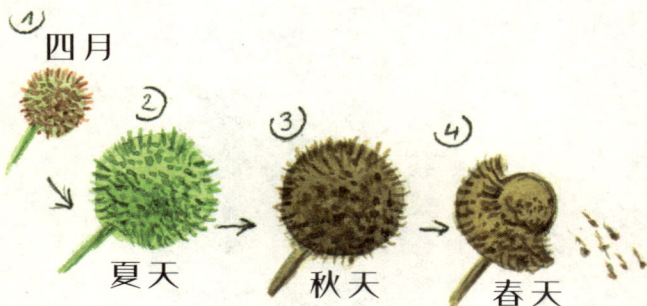

① 四月

② 夏天

③ 秋天

④ 春天

多功能悬铃木球果

用悬铃木球果做手工的多样性，没有别的树种的果实可以匹敌！

年龄： 3岁以上

材料： 还未成熟的悬铃木球果（绿色）、金色或雪花喷绘、粗棉线、水桶、木棒或烧烤木签子、牙签、黑色防水笔、橙色纸板、剪刀、手工用胶

适宜时节： 九月

贴士： 用成熟了的棕色球果的话，它的表层很容易脱落。早秋时节，是最适合收集用来做手工的球果的时间。这时的球果，个头很大，表层却依旧紧实翠绿。

按摩球

把球果的柄去掉，然后当按摩球在背上按摩（隔着一层T恤衫），会很舒服！

圣诞树球

将球果用金色或雪花喷绘喷好，可以一直保留到圣诞节！

玩具球

用粗棉线缠在悬铃木球果上（如右图）。如果想玩"抓老鼠"游戏的大尺寸版，每个小朋友都需要几个这样的球果。领导游戏的人则需要一个水桶。在水桶合上时，哪只老鼠可以逃出去呢？

麦克风

选一个不带柄的悬铃木球果，插一根牙签进去，插牢，一个麦克风就做成了！

鸟宝宝

先将一个悬铃木球果的柄整根剪掉，再将另一个球果的柄剪短一些作为鸟宝宝的尾巴。

将两个球果用牙签串联在一起，做鸟宝宝的身体。再画上又黑又亮的眼睛。鸟喙的话，将球果表层上，拿掉几颗种子，这个空间可以作为小鸟的口腔。再用橙色纸板剪出鸟喙的形状，贴在预留出的口腔位置上。用同样的方法，把爪子剪出来，然后粘上。

将鸟宝宝放在悬铃木树叶做成的包包（见第93页）上，会格外得可爱。

玩具球

麦克风

牙签

鸟宝宝

悬铃木大战七叶树

谁的球果扔得更远？

年龄： 5岁以上

材料： 悬铃木绿色球果、七叶树栗果、捆绑线、烧烤木签子、芦苇叶或羽毛或类似的物品、木头用胶、马栗、马栗钻头

芦苇叶

烧烤木签子

捆绑线

飞弹

● 在悬铃木球果柄的位置，插进一根木签子。将芦苇叶或者羽毛还有果柄，全部与木签子紧紧绑在一起。

● 在栗果上钻一个小孔，将芦苇叶或是羽毛底部抹上胶水，直接插进栗子洞里，固定住。

飞弹投掷

小朋友们分为两组。一组用球果飞弹，另一组用栗果飞弹。哪个小组飞弹扔得好呢？球果小组还是栗子小组？

松果火箭（见第 47 页）也可以加入游戏的行列里来啊！

欧洲七叶树——树荫之树

再没有别的树，能像欧洲七叶树一样，制造那么多的树荫了。所以无论露天啤酒馆还是林荫大道上，到处都是七叶树的身影也就不奇怪了。小朋友们对这些地方大多也会很熟悉。秋天时，总能在七叶树底下找到闪闪发光的棕红色栗果，摸上去光滑舒服，还能用来做很多好玩的手工。

通缉令

欧洲七叶树

落叶乔木，七叶树科。

绿踪何处寻？

公园中、林荫大道上，多为野生，也有从国外引进的七叶树。

叶芽

叶子

花

果实

树皮

树的形状： 树冠像一朵云，树干呈螺旋状生长。
树皮： 粗糙，布满鳞片。
叶子： 对生，尺寸很大，形状像手掌，叶柄细长。
芽： 个头很大，表面有些粘手，火炬形，红棕色。
花： 烛光形花序。
果实： 三瓣多刺，坚硬的外壳，内有一颗（二颗或三颗的极为罕见）种子（即栗果）。

	四月	五月	六月	七月	八月	九月	十月
花期		■					
树叶发芽期	■						
果期						■	■
落叶期							■

有何特别之处？

- 冰川时代以前，七叶树还属于德国本土树种。而冰川时代结束以后，这种树却没能再回到德国。冰川时代，七叶树"迁徙"到了欧洲东南部。直到后来人类出现，才将七叶树带回中欧。
- 七叶树的木头属于软木，没有清晰可见的年轮。
- 开红色花的七叶树是一种欧洲七叶树与北美红花七叶树的杂交树种。
- 同样长了栗果的欧洲板栗，与七叶树并非"亲戚"关系。

花蕾与叶芽同为一体

再没什么树像七叶树一样，有这么不可思议的树芽：粗壮、棕色、亮闪闪的，还粘手。七叶树的花与叶子同时萌芽、生长，它们由一层黏膜和棉质细毛保护。这层黏膜，就是在叶芽内壁上那层细细的腺体茸毛，通过分泌树脂，来达到防水的效果。而棉质细毛的任务则是保暖。鳞片慢慢地张开，被包裹在里面的花序与叶芽，都要慢慢地舒展开。叶芽生长的速度更快一些。很快地，它们就伸展自己的"手掌"。手掌形的叶子有很大的好处。当大风吹来时，风会从叶子的"指缝间"吹过，而不会伤到树叶的"纤纤细指"。

看一看

看树芽开花

一个自然界很大又很容易见到的奇迹，就是叶子和花同时从树芽里长出来。

年龄： 5 岁以上
材料： 七叶树树芽（在萌芽期前夕）
适宜时节： 三月底四月初

只要将一枝带有树芽的七叶树树枝，插进花瓶，就可以近距离地观察了。

能观察到什么呢？

第一天：树芽开始有开口。

第二天：树芽的鳞片开始慢慢向外弯曲。它们的内壁，因为黏膜的关系，手感很像蜂蜜。

第三天：那层白色的、毛茸茸的保暖层，已经可以看得到。以后要长出来的花序，此时也能看到一些痕迹。

第四天：黏膜、毛茸茸的保暖层还有花序看得更清楚了。第一撮叶子以紧紧"抱在"一起的形式，从芽里钻了出来。

第五天：叶子开始舒展开。

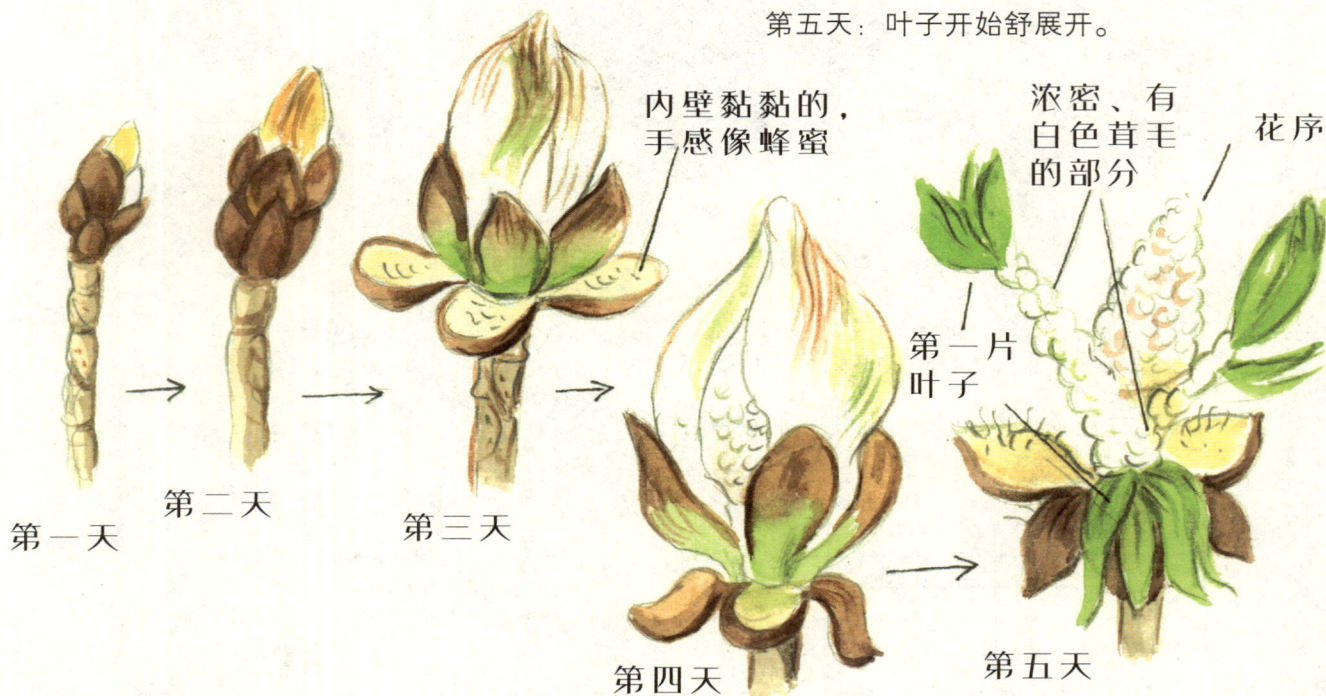

内壁黏黏的，手感像蜂蜜

浓密、有白色茸毛的部分

花序

第一片叶子

第一天 → 第二天 → 第三天 →

第四天 → 第五天

蓝色"防晒霜"

欧洲七叶树自身就含有防晒物质（七叶树素），可以保护自身的树皮（如同我们的皮肤），不受危险的紫外线侵害。而它这魔法一般的特性，很容易就能验证。

年龄： 6 岁以上

材料： 七叶树嫩枝、削皮器、双把手弯刀、玻璃试管（或细长的玻璃杯）、水、黑色纸板

适宜时节： 春天里阳光好的某一天

将七叶树嫩枝的树皮去除干净，再用双把手弯刀把树皮切碎。

将切好的树皮放入玻璃试管里，注入水。

放在有阳光的地方，一面朝阳，一面背光。把黑色纸板放在玻璃试管前面。

会发生什么呢？

这杯树皮与水的混合物表面会明显发出蓝光。

这层蓝色物质，就是七叶树素。

为什么？

七叶树的树皮中含有七叶树素，这和物质会发光。

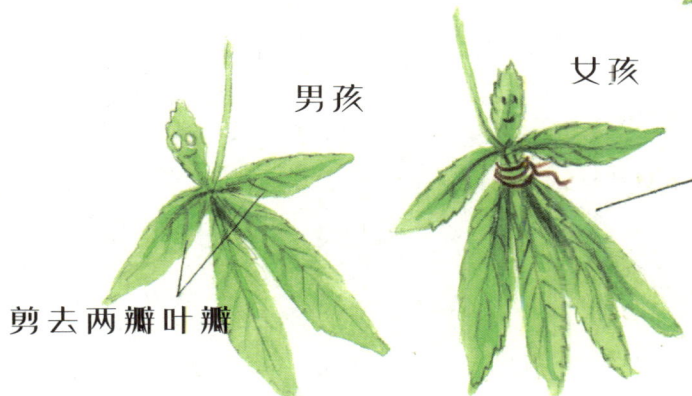

叶子玩偶

可以用叶子做成玩偶，或者一起演皮影戏！

年龄： 4 岁以上

材料： 绿色的七叶树叶子（一定要完整的"手掌"）、剪刀、细线、防水笔

一片完整的叶子，可以用来做一个玩偶：最小的叶瓣当作脑袋，接下来对称的两瓣做胳膊，最后就是腿或者裙子什么的。叶柄就可以作为人偶的牵线。

根据人偶的不同性格特点，可以照着下面的图片，用七叶树叶子剪贴、捆扎，或者用叶柄把几片叶子连起来，再或者在叶子上打洞，或者画东西上去。这样的话，不仅能做单一的男孩和女孩，也能做出公主、芭蕾舞女、魔术师、木乃伊、国王等。

贴士： 很遗憾，用叶子做的人偶无法保留很长时间。第二天要再想玩同一个游戏的话，就要重新制作一批人偶。

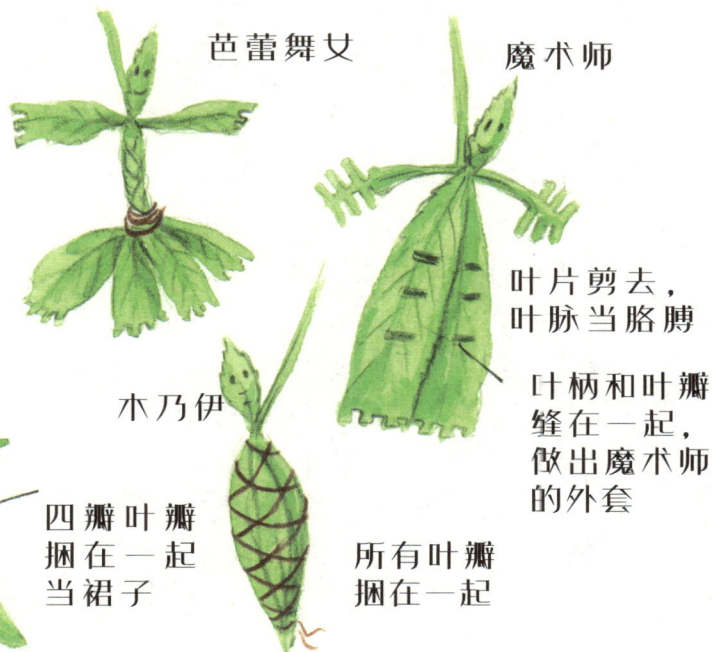

芭蕾舞女

魔术师

叶片剪去，叶脉当胳膊

叶柄和叶瓣缝在一起，做出魔术师的外套

木乃伊

四瓣叶瓣捆在一起当裙子

所有叶瓣捆在一起

男孩

女孩

剪去两瓣叶瓣

"咔嚓"马蹄铁

当树叶在秋天落下时，是可以听见的。而树叶落下之后，会在树枝上留下非常明显的、马蹄铁形状的伤疤。

年龄： 5岁以上

材料： 落叶期的七叶树

适宜时节： 十月底

咔嚓！

马蹄铁形状的伤疤

通道

伤疤

秋天时，叶柄里的水分和养料，会在一个预先设定好的部位停止运输。这个部位就会开始肿胀，形成软木层，这层软木层会将树汁"截流"。那么就在这个部位，树叶会"咔嚓"一声，叶柄与树枝分离，落到地面。从十月底开始，大部分七叶树的树叶会开始逐渐落光。而树叶这时常常已经成了棕色，且全部"手指"也卷曲起来成了漏斗形状。叶子落了之后，树枝上会留下一个大大的伤疤。

把叶子从七叶树上掰下来，会听到"咔嚓"一声！

仔细观察发出"咔嚓"的部位，会发现一个大大的、马蹄铁形状的伤疤。

在伤疤上有五个小黑点清晰可见，这就是给叶子输送水分和传递叶片中产生的有机物质的导管。在年岁久一些的七叶树树枝上，遍布着这样的伤疤。

花朵蜡烛

七叶树开花时，硕大的烛光形的花序上分布着成百上千的七叶树花。花瓣的根部，有像"一滴果汁"一样的色斑，这些色斑的颜色会随着时间改变：从黄色到橙色，最后变成深红色。

在花序的顶部，多数为雄性花蕊；中间雌性与雄性花蕊皆有；到了底部，就只有雌性花蕊了。

雌雄花蕊这样的分布方式，带来了极大的好处：只有花序的底部，才会长出果实。这为果序保持结实稳固省了不少力气，因为七叶树的果实又短又重。所以，花序上只有少部分花最后会长出果实。如果七叶树开出的花，全部都结出果实的话，那么一棵七叶树要担负大概十吨重的果实。另外，为了减负，多余的七叶树果实在还未成熟的时候，就自动脱离母体了。

红绿灯

对于开车的人来，看到绿灯便可通行。但对于蜜蜂和大黄蜂来说，只有黄色才具备这样的意义！

年龄：5 岁以上

材料：七叶树花序，最好是正在花期的欧洲七叶树花序

适宜时节：四月到五月

孩子们可以仔细观察七叶树的花，以及这些花的房客。

会发生什么呢？

随着花朵的不断成熟，七叶树的花也不断地变换着自身色斑的颜色：黄色——橙色——驼红色——深红色。而蜜蜂和大黄蜂几乎只光顾处在黄色状态的七叶树花。

这是为什么呢？

开花的过程中，色斑会首先呈现出黄色。只有处在黄色状态的花，才会分泌花蜜，也就是说，这些花的昆虫访客不会白跑一趟。昆虫访客们就负责花粉的传播，它们甚至自己还会带上一些。一两天之后，花蜜的分泌就会停止，色斑的颜色也会渐渐转至红色系。而对昆虫来说，这些颜色的花，就完全没有吸引力了。欧洲山毛榉就是这样，为自己的花粉传播做足了准备工作，分泌花蜜来作为"飞行燃料"，吸引蜜蜂和大黄蜂前来造访。

红绿灯
（七叶树的花朵）

随着花朵不断长大，花朵中心的颜色不断改变

火星来的小矮人

那些未成熟就脱落的七叶树果实，有很好的用途：这时的它们，非常像外星人，软软的，适合做手工。

年龄：3岁以上

材料：七叶树还未成熟的果实、铁质零件下脚料（铁丝、铁钉、螺丝、别针等）

适宜时节：六月到七月

贴士：六月时，会有数不清的没有成熟的果实，从七叶树上落下来，从七月开始，也可以从树上找到一些个头已经大了但还未成熟的果实。不过几天之后，这些果实就会变成棕色，而且会干瘪。所以，火星小矮人不会"长命百岁"。

把七叶树果实用铁丝串起来，铁质零件下脚料做脑袋还有四肢。让它们，比如像一段发了霉的树干一样的外星怪物，住在那些陌生的星球上。

金玉其外，皂素其中

七叶树的果实马栗成熟时，会连同带刺的外壳一起落到地上。这些外壳上的刺，连同厚厚的外壳一起，在马栗落地时，起到了减震的作用。马栗落到地面时产生的碰撞，使得外壳裂成了三瓣，包裹在里面的坚果，即马栗，会因为它光滑的表面，而整个蹦到或者滚到离七叶树很远的地方。

马栗表面的浅色斑块，就是它们从坐果渐渐长大的痕迹。从马栗本身的形状就可以看得出，它们是"独生马栗"，还是在同一个外壳底下共同生长的一两个"胞兄胞妹"。

马栗中还有大量的淀粉（35%），也有蛋白质（10%）以及脂肪（5%）。虽然马栗从外表看起来秀色可餐，但因为它还有很多的皂素，所以无法作为人类的桌上餐。但对于野生动物来说，却完全可以食用。

非洲家庭

马栗的棕色，可以看作非洲家庭成员的肤色。一片巨大的七叶树树叶下面，地方宽敞到可以住得下整整一个非洲家庭了。

年龄： 4 岁以上（在大人的协助下）

材料： 马栗、手钻、牙签、木棍、黑色羊毛、白色永久性记号笔、手工用胶、七叶树树叶及树枝、捆扎线、碎布料

贴士： 一定要用钻头在马栗上钻孔！

适宜时节： 九月起

非洲家庭的成员

用牙签串起几个马栗做身体；手臂则用七叶树的树枝做；黑色羊毛是头发；五官用白色记号笔画出来；碎布料，就粘在马栗上做衣服。

茅屋

将一把七叶树叶子，在叶柄处绑在一起。

凳子

用一个马栗做凳子，插上牙签做凳腿。

非洲羚羊

把几个马栗按图粘在一起，用牙签做出四条腿，羚羊角用树枝做。

太阳伞

一片七叶树的叶子，一个马栗，就做成了。

多功能的马栗

在古时候，欧洲七叶树的果实马栗，因为含有大量的皂素，被人们当作衣服或其他纺织物的洗涤用品，只要将收集来的马栗去壳、捣碎、晒干即可。不过高含量的皂素还有别的了不起的用处。甚至陈年的马栗，也能做别的呢⋯⋯

年龄： 3 岁以上（在大人的协助下）

适宜时节： 自九月起；做黏土的话，从春天就可以

肥皂、胶水、浆糊和黏土

材料： 200 克还未完全成熟的马栗（九月份）、200 毫升水、煮锅、搅拌器、带盖玻璃瓶

马栗去皮，切成碎末。

贴士： 还未成熟的白色马栗，很容易去皮。

树叶做茅屋

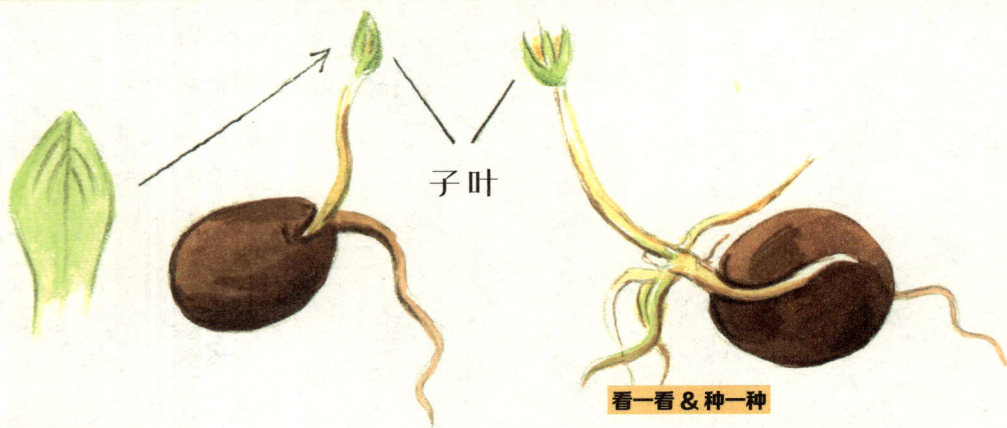

子叶

肥皂

将煮沸的水，浇在马栗碎末上。水立刻会起沫，成了颜色发黄的皂角水。这些皂角水可以用来洗澡，也可以洗衣服。

胶水

要做马栗胶水的话，要先将马栗煮 15 分钟，煮到"劲道"，用搅拌器打成糊状。

这样，黄色、黏稠的"马栗胶水"就做成了。

糨糊

将马栗煮 50 分钟，煮软之后打成糊。这样，肉色的糨糊就做成了。

等到胶水和糨糊冷却下来，装入玻璃瓶，封存。放在冰箱里冷存几天。

黏土

材料：陈年马栗（最好是冬天落地的马栗，到了春天去收集起来）、煮锅、水、搅拌器

将马栗去皮。去皮不会太难，因为经过冬天的冷冻，到了春天之后，马栗的棕色外皮已经跟马栗果脱离了。

将马栗放进锅里，加入水，保证刚好没过马栗。盖上锅盖。小火煮半个小时。

将马栗打成糊。

这样，赭石色、有轻微黏稠感、非常容易捏出造型的黏土马上就可以使用了。时间越久，质地会越硬，但不会很快变质。

看一看＆种一种

七叶树迷你森林

七叶树发芽需要时间。盖住马栗的落叶（不是七叶树的落叶）和土中的水分，有可以分解掉马栗中阻碍其萌芽的物质。如果等到了来年春天，马栗就失去了发芽的能力。

要见证观察这个过程，只需要一点点耐心。其他的，都会自然而然发生。

年龄：4 岁以上

材料：马栗（秋天）、肥土堆（最好还有一个装满了土的花盆）

适宜时节：秋天

将新鲜的马栗放入肥土中，再用落叶与泥土等覆盖起来。

会发生什么呢？

• 最晚到了三月份，会有很多马栗冒出嫩芽。马栗的头两片叶子，形状非常像握起来的拳头。

• 到了五月份，肥土堆里，会长出一片小小的七叶树森林。这些七叶树小树苗，很容易从松弛的肥土中拔出来，移植到另外的地方。

其他做法：秋天时，将新鲜的马栗果种在花盆里。花盆放在窗台上，勤浇水，让土壤保持湿润。到了来年三月，就会有"握紧了的小拳头"从土里伸出来。

只要花盆的空间够大，花盆里就能长出一棵棵的小树苗。

椴树——爱之树

"泉水旁、近门边……"

由舒伯特作曲的《菩提树*》，记录了很多椴树的信息：每年一直到夏至，椴树都会散发出一股甜甜的香气，闻了可以睡得香甜，且非常受情侣们的青睐。接下来的几页里你就会看到，椴树也是对孩子们非常有益处的树。

*这首歌的原文为椴树，但是第一次被翻译成日文时，译成了菩提树，沿用至今。

通缉令

心叶椴

心叶椴

落叶乔木，椴树科。

绿踪何处寻？

四季分明的混合森林、林荫大道及公园。

叶芽

背面

银毛椴

阔叶椴

花

果实

种子

树皮

树的形状：树干粗短，树冠像塔楼，树叶枝丫生长得密密匝匝。
树皮：表面粗糙，遍布菱形条纹。
叶子：心形，叶子背面有褐红色簇毛。
叶芽：绯红色（向阳的面），倾斜长在枝头（叶芽上鳞片有两种大小）。
花：伞形花序，花香清甜。
果实：球果，带舌形苞叶，下落时旋转飞行。
其他常见椴树品种
阔叶椴
银毛椴

有何特别之处？

- 十七十八世纪时，椴树是贵族的象征。原因非常简单实用：椴树枝丫密匝匝的，围在贵族们的城堡周围，会有效地保护隐私，不让过往的行人有任何机会往里窥探。
- 有一条规律：一棵椴树，生长三百年，站立三百年，老去又是三百年。椴树即便枯死，也可以枯木逢春，再度发芽。其老去的树干可以重新扎根于地下，长出新芽。
- 阔叶椴没有心叶椴对生长环境要求高。
- 在椴树叶子上，常常看到一些小突起。这是因为个头小小的叶螨的啃噬而产生的植物虫瘿。

	四月	五月	六月	七月	八月	九月	十月
花期							
树叶发芽期							
果期							
落叶期							

椴绿色爱情

椴树最美妙的地方，就是它心形的叶子。叶子轻微不对称的外形，非常像心形。这也是椴树称为爱之树及定情之树的原因：婚礼与舞会，通常会在村子里的大椴树下举行，椴树干上也经常有情侣们刻上去的名字，而椴树叶所散发出的甜香，也正象征了爱情的甜蜜。

心叶椴的嫩芽只要是绿色的，味道就非常好。以前，人们也会将收集来的椴树叶晒干，磨成粉，做成落叶粉，来熬过物质匮乏的冬天。落叶制成的面粉含有丰富的矿物质，能促进肠胃消化。

古时候，特别是那些手掌大小、嫩嫩的阔叶椴叶子，常常用来作为厕所手纸。如果将椴树的杂枝砍掉，只留下主枝，那么主枝上的各个方向会长出叶面格外大的叶子。这样的"大头树"的形状也非常特别。

心叶面包

椴树嫩叶味道清淡，口感却像沙拉一样清脆！

年龄： 3 岁以上

材料： 快到发芽期的椴树叶芽、心叶椴的嫩叶（叶子的采摘最晚到花期之前）、黑面包、盐、黄油、西餐餐刀

适宜时节： 四月

贴士： 心叶椴的叶子，越长颜色会越深，质地也越硬，而且在边缘会长出细茸毛。咀嚼和吞咽时，都会造成不适感。而阔叶椴天生比心叶椴的茸毛还要多，不适宜用来做食物。

脆脆的叶芽

将叶芽快炒，放些许盐。叶芽也可以生吃，清脆爽口。

心叶面包

将面包抹上黄油，撒少许盐，再放上一层厚厚的"椴树叶切片火腿"，就可以享用了。

沙拉

将椴树叶与其他蔬菜混在一起，调拌成沙拉即可。

叶芽
（四月份）

萌芽

心形叶子

树叶比基尼

很久以前，希尔德加德冯宾根*就曾建议过，睡觉时将脸用椴树叶全部盖住。心叶椴可以起到冷却的作用，阔叶椴呢，因为其丰密的茸毛可以起到保暖的作用。

年龄： 3岁以上

材料： 浴缸、椴树叶

从树上摘下的椴树叶，在沐浴时贴在身上。这样就成了天然的比基尼和游泳裤。而且味道会很好闻。尤其是阔叶椴的叶子里含有大量的黏稠物质，如果在浴缸里把椴树叶碾碎了，会产生很多绿色黏液。

注：*希尔德加德冯宾根（Hildegard von Bingen，1098—1179），中世纪德国神学家、作曲家及作家。她担任女修道院院长、修道院领袖，同时也是一位哲学家、科学家、医师、语言学家、社会活动家及博物学家。

椴叶面粉

不是只有饥荒的时候，不得已才吃的！这是纯天然绿色食品！

年龄： 5岁以上（在大人的协助下）

材料： 椴树嫩叶、容器

适宜时节： 五月到六月

贴士： 叶子越嫩越好，因为越嫩叶筋就越少。

不要用已经有虫子咬或者做窝的叶子。

椴叶面粉制作

将叶子在嫩绿时摘下，并晾干。之后，将晾干的椴叶用手搓成碎末。将椴叶碎末磨成粉时，上面的茸毛也会随之磨碎。将叶筋和叶柄去掉。用这些椴叶面粉，就可以烙出甜甜的椴叶面饼，或者做出香甜的椴叶形状的饼干。

椴叶面粉甜饼

配料

250克面粉（包括50克椴叶面粉）、糖粉、6个鸡蛋、盐、250毫升牛奶、椴树叶、黄油

制作方法： 将椴树叶择洗干净，并将叶子放入牛奶中浸泡几个小时。在浸泡着叶子的牛奶中，加入混合面粉和盐，混合均匀。将鸡蛋的蛋清与蛋黄分离。蛋黄与糖混合后加入面糊。蛋清打成糊状，待用。

在平底锅中放入黄油，融化，将面糊以2厘米左右的厚度均匀摊在上面。两面烤成金黄色。

用餐刀分切、并撒上糖粉。

甜甜的椴树叶子饼干

配料

20 克椴树叶面粉、260 克小麦面粉、1 汤匙发酵粉、1/4 茶匙盐、60 克糖、100 克巧克力（粗切成块）、300 毫升奶油、些许固体奶油和糖混合起来（椴叶糖或棕糖都可以）

制作： 烤箱预热到 180 摄氏度。先将面粉与发酵粉充分混合均匀，之后再将其他配料加入，做成面团。

将面团擀成 2 厘米厚的面饼，做成一个一个心形的小面饼。

在烘焙盘上铺一层烘焙纸，将心形面饼放在纸上，表面抹一层奶油和棕糖或椴叶糖的混合物，烤制 15 分钟以后，拿出烤箱。立刻盖上一块湿毛巾，防止饼干干透。

烤制时，也可以刷黄油与蜂蜜。

齐格弗里德的椴树叶

在《尼伯龙根之歌》里，椴树叶起到了"邪恶"的作用（就只有这一次），从此改写了这个日耳曼人的命运：当齐格弗里德要在恶龙的血中滚上一滚，好让自己成为金刚不坏之身且无人能伤害时，一片椴树叶悄无声息地落到了齐格弗里德的两肩之间。这个让椴树叶盖住而未沾到龙血的地方，就成了齐格弗里德的"死穴"。而坏蛋哈根，正是找准了这一命脉，结束了齐格弗里德的性命。

玩游戏

坏蛋哈根

这个游戏的关键，不是比拼谁的力气大，而是比谁反应更灵敏、更谨慎小心。

年龄： 5 岁以上
材料： 阔叶椴树叶、晾衣夹子

每个小朋友身上有三片用晾衣夹子夹住的椴树叶子。听到指令以后，每个小朋友要尽力地去抓别人身上的夹子。但是不能碰到其他地方——因为他们其他地方是不会"受伤"的——只有贴了椴树叶子的地方才会"受伤"。

最后数一数，谁抓到的夹子最多，谁就是坏蛋哈根。

醉人的椴树花蜜

椴树花期时，在满是椴树的林荫路上走一走，或是停驻在大椴树下，闻一闻花香，看看繁忙的蜜蜂，是种很特别的体验。

这些朴实无华、黄里透白的小花，3～6朵一起生长在一朵伞状花序上。一棵椴树每年会开6万朵花。椴树黄绿色的花朵会散发出甜甜的香气，是蜜蜂极为喜爱的蜜源。椴树花是公认的药材。椴树花中含有大量的植物黏液、糖分、蜡质、单宁酸和醚油，醚油里的金合欢醇散发出浓郁的香味。

早在十六世纪的植物典志里就有记录，患上感冒或风寒时，可以用椴树叶泡茶，有发汗、降温的疗效。喝椴树叶茶，可以让风寒"通过出汗流走"。

尝一尝&闻一闻

椴树花

闻上去很甜，尝起来也很甜，还很有疗效！

年龄： 5岁以上（在大人的协助下）

材料： 椴树花、热水、蜂蜜、烘焙用糖、搅拌器、烘焙纸、小槌、1千克白糖、35克柠檬酸、1个柠檬、可以密封的玻璃杯、滤筛

适宜时节： 六月中旬（阔叶椴）到七月初（心叶椴）

贴士： 椴树花期的前四天或是之后接近正午时，椴树花的花香最浓，各种物质的含量也最高。阔叶椴的花期比心叶椴的花期大约早两周。苞叶可以一起采来用。

椴树安眠茶

此茶有发汗、去咳、镇静（缓解并去除痉挛）及宁神的作用。

采摘椴树花。为了最大限度地让花中所含物质不流失，迅速地将花朵烘干尤为重要。花朵烘干之后，将其迅速封存在深色的容器中。花里的醚油挥发很快，一般一年之后，就挥发殆尽。

满满两茶匙椴树干花，冲入250毫升的热水，浸泡10分钟，再加入蜂蜜调至有甜味即可。

花蕾

花

单朵花

从上向下看　　　　从下向上看

椴树花糖

将糖和椴树花混合，椴树花的体积为糖的两倍。用搅拌器将花和糖打碎，直到最后打出浓稠的绿色糖糊。将糖糊抹在烘焙纸上，低温（50摄氏度）下烘焙几个小时，直至糖糊干透。在烘焙的过程中，要把糖糊中的小糖泡挑破弄碎。待到糖糊完全干透（摸上去不能有任何潮湿的手感），再用槌敲成碎块。椴树糖糊在烘干过程中，会变成黄色。把糖片装瓶密封保存。喝热牛奶时，或吃椴树叶甜饼时，都可以放一点椴树花糖。

椴树花糖浆

将1千克白糖、35克柠檬酸兑入1升水，搅拌均匀。

五捧未完全开花的椴树鲜花加入其中，在花层上面盖上柠檬片。

密封起来，放在采光充足的地方，浸泡至少三天。浸泡过程中要不断地搅拌晃动。三天以后，用滤筛筛除椴树花及其他。将剩下的花浆放入冰箱冷藏。之后，可以在花浆中加入水，冲兑享用（根据个人口味不同，花浆与水的比例可以是1∶10）。

跳舞的小人儿

跳舞的小人儿

椴树花序的花柄有一半跟苞叶相连，苞叶可以作为果序的"飞行器官"。果序下落时，苞叶会旋转着舞动"身躯"，飘飘荡荡地下落。维也纳人将其称为"跳舞的小人儿"。"小人儿"的重量主要来自种子。旋转和飘荡降低了果序下落的速度，同样也提高了这些小小的种子让秋风带走的概率。部分椴树果实会在秋天落下。也有些椴树果实会一直留在树上，直到来年春天。这样的话，椴树种子传播的周期跨度就会特别长。因为只有熟透了的种子，才会从椴树上落下来。种子传播跨度周期长反倒是好事。因为从种子落地到发芽，需要十八个月的时间。

动动手

温润如玉的珍珠首饰

还未成熟的绿色椴树球果，非常适合串成串做项链，或别的首饰。

年龄： 5 岁以上

材料： 椴树球果、手工用胶、尼龙绳、针、金线

适宜时节： 夏天（七月到八月）

下面所有的首饰，都可以用椴树球果做成。

珍珠项链

将椴树球果的果柄去掉，纵向串在一起。项链的吊坠，可以用干玫瑰花和浅色的羽毛做。

蜗牛挂件

将约 12 颗球果串到金线上，再将金线弯成蜗牛的形状。选一个带两个球果的果序，来做蜗牛的触角。

小鸟挂件

带两个球果的果序作为小鸟的身体。小鸟的头粘在合适的位置上。通过金线，将小鸟固定在项链上做吊坠，或者别的活动玩具上当挂件。阔叶椴球果小鸟，比它的亲戚心叶椴球果小鸟的身形要大很多。

珍珠头环

将果序的苞叶去掉，但保留叶柄。三根果柄一组，像麻花辫一样编在一起，如果其中一根果柄过短，就再添一根。这样做出来的珍珠头环很美丽。

贴士： 用心叶椴球果串出来的项链，比阔叶椴的更美丽，因为心叶椴的球果更小巧一些。温润如玉、小巧美丽的椴树球果项链可以保存很久。这些球果干了之后，会有些许缩水。

玩游戏

小人儿的跳舞大赛

谁手里的小人儿，最有跳舞天赋呢？

年龄： 4 岁以上

材料： 成熟的椴树球果（球果必须已经呈棕黄色）

适宜时节： 九月起

每个小朋友拿一个椴树果序，站在同一个高度上（比如说阳台），让这些果序小人儿自由地飘舞而下。

站在地上领导游戏的人，要仔细观察并裁决出：谁的小人儿落地最快、谁的最慢；又或者谁的小人儿舞跳得最美，谁的又以最完美的姿势落地等。

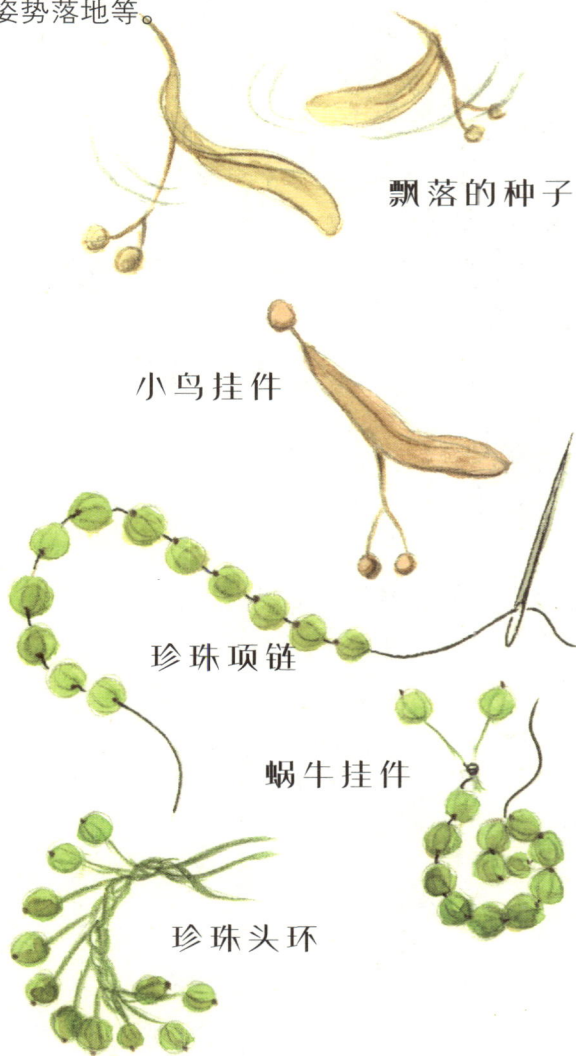

飘落的种子

小鸟挂件

珍珠项链

蜗牛挂件

珍珠头环

椴树的韧皮层

椴树之所以"柔软",是因为它有一层柔软的韧皮层。含有丰富的韧皮纤维,是椴树的一大特点。粗一些的椴树树枝很难折断,试着将其折断时,总会连着一块树皮。是为什么呢?因为树皮与木质层中间,有韧性很强、防撕裂的纤维层,就是椴树韧皮层。还处在用木桩造物的新石器时代的人们,就已经充分认识到了这一点:绳子、捆绑用材料、袋子、垫子、衣裳、鞋子等,都是用椴树的韧皮层制作而成的。在现代,非洲产的拉菲亚棕榈韧皮层已经代替了椴树韧皮层。而在大的纺织企业,则使用麻布来替代韧皮层。在某些地区,树木嫁接时,人们会用椴树的韧皮层来将嫁接过来的树枝牢牢地捆在被嫁接的树上。要想获得这种韧皮层纤维,要先将大腿般粗的椴树枝在水中浸泡数周之后,才能将紧贴在树皮上的韧皮层撕下来。这些韧皮层多半只有几厘米的宽度,但长度要以米计算。

试一试 & 种一种

韧皮层绳子

直到第二次世界大战后,各类绳子都是用类似的方法编的。

年龄: 6岁以上

材料: 新剪下来的椴树树枝(树枝直径至少要1厘米)、红色捆绑线、肥土堆或水桶、水、大石块

椴树的韧皮层

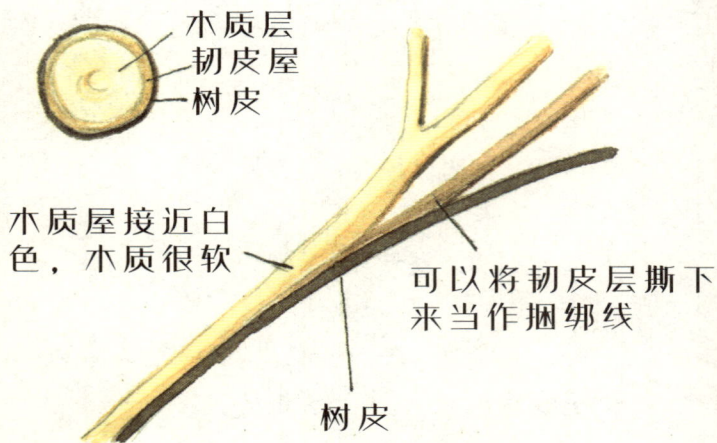

木质层
韧皮层
树皮

木质层接近白色,木质很软

可以将韧皮层撕下来当作捆绑线

树皮

将椴树枝深插进肥土堆里,放置两个星期。只留一点树枝末梢在外面,并在末梢系一条红线,以便之后还能找到树枝。椴树枝在肥土堆里开始腐烂(肥料效应,这时树皮周围会有数不清的小虫子!),韧皮层开始松动,可以很容易将树皮揭下来,之后就可以将树皮下面一缕一缕的韧皮层从木质层上扯下。将这些韧皮层晾干,就可以用来捆绑东西。

贴士: 如果没有肥土堆,就把树枝放在水桶里,拿大石块压在树枝上,压实。

插枝

上面露在外面的树枝末梢,两个星期之后,肯定会有新叶子冒出来。

有没有可能在花园里找到一个地方,或者一个合适的花盆,把这棵小小的椴树苗栽进去呢?

黄油木雕

剥掉树皮的椴木非常轻，呈浅黄色，散发出鲜木的香气，质地软得"几乎跟黄油一样"！

椴树木材是绝佳的木雕原材料。木雕艺术家常常用椴木来雕刻耶稣诞生木雕*。而且很多大师级的木雕作品，都是由椴木雕刻而成的。但椴木的弹性稍差，容易有纵向的、针形的裂纹。而在恶劣天气或雨水环境中，椴木的耐用性会大打折扣。这种木头做出来的产品，不适合放在户外。

*德国传统，每年圣诞节期间，家家户户都会将一组表现"耶稣诞生在马槽"的群雕摆出来，多为木雕作品。在图片搜索引擎中输入这个关键词组，即可看到。

动动手

黄油刀

一把用黄油一样软的木头制成的刀！

年龄： 6岁以上（须有大人在一旁监督）

材料： 平滑的椴树枝（旁枝杂枝越少越好，树枝直径2厘米左右、长度20厘米左右）、锋利的（儿童）美工刀（如有条件，可以准备便携式小刀）

安全提示： 儿童专用美工刀的刀尖，做过钝化处理，非常适合入门级雕刻。

重要的是： 雕刻制作时，刀刃一定要朝外，不要朝着自己身体的方向。但刀刃最好锋利一些。另外，也可以戴手套。

小朋友拿到树枝以后，要先确认好，哪边做刀把，哪边做刀刃。

将刀把的末端去掉棱角，打磨圆润不扎手。刀刃的一边去掉树皮，并把双面削平。

削平的过程中，木屑一定要细小，避免削得尺寸过大。注意，削到接近树心的位置时，停止切削。再根据个人用途，把刀尖做导圆或磨尖处理。

在刀把上，刻上一个环形做装饰，或是刻上自己的名字，都可以。之后再用砂纸把刀把打磨一下——一把"黄油刀"就做成了！

树枝叉子

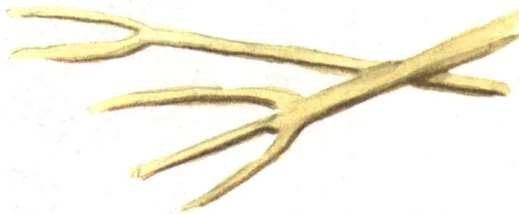

椴树——黄油木雕

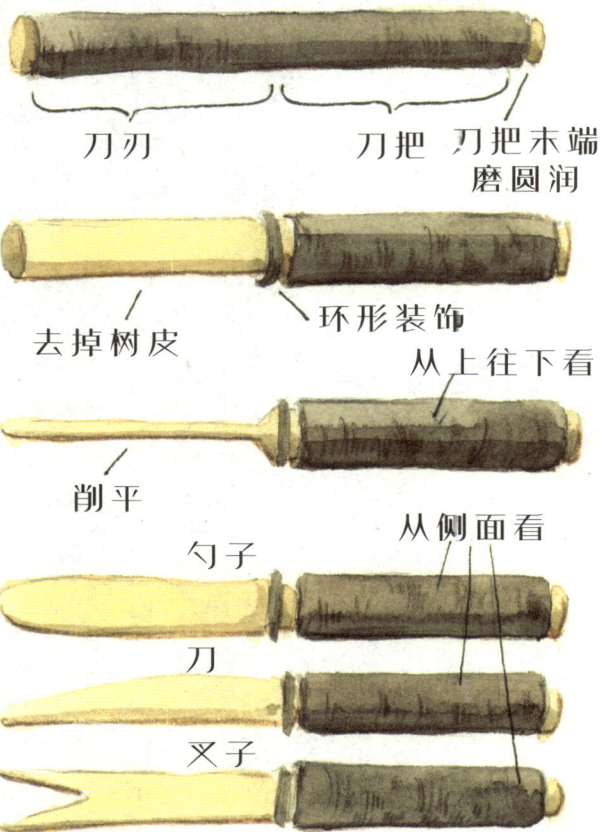

刀刃　　刀把　刀把末端磨圆润

去掉树皮　　环形装饰

从上往下看

削平

从侧面看

勺子

刀

叉子

多彩多姿的树木

在公园、混合森林和植物园里，经常可以见到很多很多不同种类的树木。小朋友们可以利用这些树木各自的特性、果实、叶子等，做出很多很多好看的手工艺品，也可以在各个季节收集不同颜色的树叶。

看一看

五彩斑斓的树叶

注意观察：每种树的树叶，尤其是刚刚发芽的时候，颜色都不一样！

年龄： 8 岁以上

材料： 萌芽期的混合森林、水彩颜料、画笔、水容器

适宜时节： 四月末五月初

在森林里散步时，小朋友仔细观察各类叶子的不同绿色，然后试着发挥自己的想象力，将这些绿色描述出来，例如：山毛榉草地绿、皱巴巴橡树土黄绿、很想摸一摸的柳树蓝绿、柔软的椴树嫩绿、黏糊糊的桦树绿、四仰八叉七叶树浅绿……就用这样的方式，可以自己想出各种各样的句子，来描述树叶。

小朋友将不同颜色的叶子收集起来，然后照着颜色，用水粉颜料在纸上画出同样颜色的叶子。当然，画出来的每种绿色也要像上面一样命名。

其他同类游戏

秋天的森林，都有自己独特的颜色，可以像上面一样，去仔细观察……

尝一尝

树是什么味道

尝尝树的味道，但不是每种树都很好吃！

年龄： 4 岁以上（在大人的监督下）

地点： 混合森林、大型花园或公园

什么是可以吃的？

形成层（树皮与木质层中间的部分）：杨树、山毛榉、欧洲白蜡树、柳树、桦树、欧洲赤松、冷杉、云杉

嫩叶： 枫树、桦树、山毛榉、橡树、欧洲白蜡树、云杉、椴树、落叶松

嫩树苗： 欧洲赤松

种子： 橡树、山毛榉（要经过炒后才可食用）、欧洲赤松、欧洲白蜡树

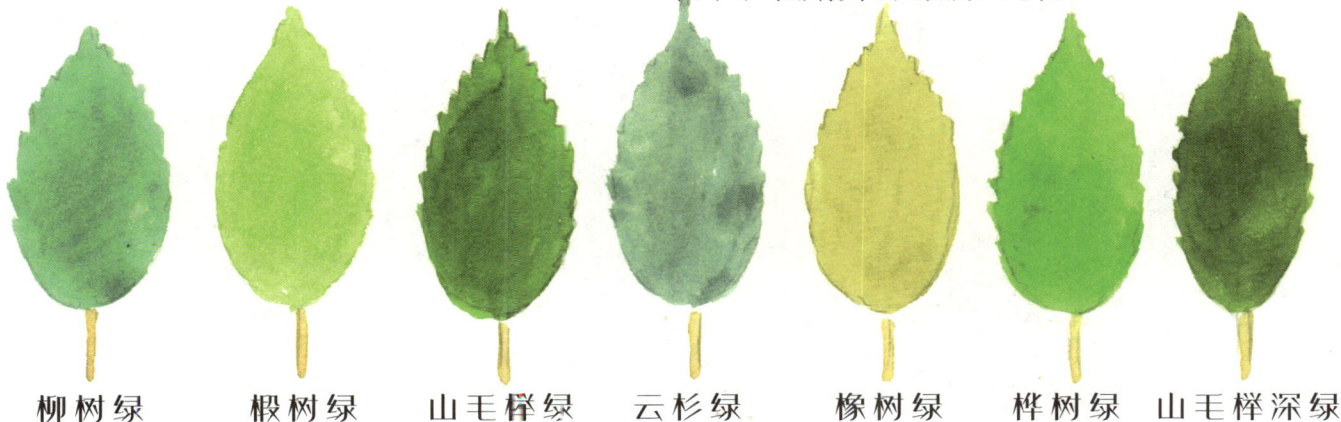

| 柳树绿 | 椴树绿 | 山毛榉绿 | 云杉绿 | 橡树绿 | 桦树绿 | 山毛榉深绿 |

动动手 & 摸一摸

树干笔记本

非常有个性的树干笔记本！

年龄： 6 岁以上（在大人的协助下）

材料： 各种不同类型树种的树皮、空白笔记本（笔记本要有硬封面）、胶水、毛刷笔、园艺剪刀（如果有条件，可以准备小锯子）

按照笔记本的尺寸，裁出相应的两片树皮，用于制作笔记本的书背和笔记本的前封面。一般情况下，树皮可以剪开，或者掰开。如果树皮比较厚的话，可以用锯子锯开。

在笔记本的前封面抹上胶水，粘上树皮，直到干透。最后再用同样的步骤"加工"书背。如果树皮比较薄的话（比如桦树），后封面也可以粘上树皮。

这样，用不同的树皮做出来的树皮笔记本，几乎可以做成一个树木展览馆了。

蒙上眼睛，摸一摸树皮，可以分辨出是什么树吗？

闻一闻 & 摸一摸 & 看一看

叶子糊糊

找一找叶子中黏液的痕迹……

年龄： 3 岁以上

材料： 各种阔叶与针叶、蒜臼、容器

各捧一捧不同树种的叶子，用手撕碎，放入蒜臼中，捣成糊糊。放入容器中，加入一些水，静置至少半个小时。为了区分都是哪些叶子做成的糊糊，就在容器底下放一片同样的叶子。

最晚半个小时以后，就可以猜一猜，每一碗糊糊都是什么叶子捣成的？有味道吗？为什么会有这种味道？兑了水的糊糊会变颜色吗？

会变色的： 七叶树（变色特别明显）、橡树、欧洲白蜡树、桦树、桤木（明显）、杨树。

变得黏糊糊的： 七叶树、花楸树、枫树（黏稠）、椴树（非常黏稠）、桦树。

气味清香的： 各种针叶木、山毛榉、桦树、欧洲鹅耳枥、枫树、杨树、桤木、橡树。

看一看 & 动动手

木棍小雕刻

睁大眼睛哦！在森林里可以找到所有你能想到的"东西"和"人物"！落叶乔木周围，往往是绝佳的寻宝地点，同时也可以练习寻找有用的东西。

年龄： 6 岁以上

材料： 森林里一些形状独特的树枝、儿童专用美工刀、锤子、钉子、胶水、球果，如果有条件，可以准备防水笔

小朋友们可以出发去森林里，去寻找形状独特的树枝。从大多数树枝的形状上，可以"找出"小动物、人或者其他物体。很多树枝保留原状就能看出像什么。有些要凭想象力再"加工"一下，比如：去掉没用的多余的杂枝，两个部分钉在一起，又或者把球果当作动物或者人的头安在树枝上……

用这些树枝可以做出不同动物的脑袋（狗、山羊、马……）或者整个动物身体（鸭子、鸡……）等。

伐木工人工作完之后，常常会留下很多薄木片、树枝之类的，用这些很轻易就可以做出充满想象力的"作品"，例如瓜皮帽或者汽车、自行车等。

球果粘在树枝上

小象奥迪
（注释：德国动画片经典形象）

为什么大树不能一直长到天上去？

这是一则中国童话。

很久很久以前，所有树的身形都比现在高大，高耸入云，而那时候的天空，比现在也低很多。树木会像山峰一样，一直穿过云端，树冠的尖能够直达天空的穹顶。孩子们非常喜欢这样的树！虽然大人和智者都很担心，屡屡禁止，但孩子们依旧常常爬树，一直爬到天空之上。事实证明，大人和智者的担心并非没有道理，因为孩子们在天空中总是捣乱。终于有一天，天空无法忍受孩子们的频频到访，便自行升高了很多，这样，再没有树可以长到天空的高度了。一直到今天，都仍旧是这个样子。

附 录
索 引

引用和延伸文献

Regina Bestle-Körfer, Sabine Lohf, Annemarie Stollenwerk: Fantasiewerkstatt Herbst + Fantasiewerkstatt Wald, Christophorus, Freiburg im Breisgau 2002 und 2003

Tom Dahlke: 365 Spiele für jeden Tag, moses Verlag, Kempen 2003

Ruprecht Düll, Herfried Kutzelnigg: Taschenlexikon der Pflanzen Deutschlands, Quelle & Meyer, Wiebelsheim 2005

Monika Harand-Krumbach: Nur Natur – Ein Werk- und Aktionsbuch für alle Sinne, Zebold Verlag München 1993

Brigitte Klemme, Dirk Holtermann: Delikatessen am Waldesrand, Mädler, Dresden 2005

Doris Laudert: Mythos Baum, BLV, München 1999

Michael Machatschek: Nahrhafte Landschaft 1+2, Böhlau Verlag, Wien 1999 und 2004

Conny und Lulú Marx: Blütenkranz und Rindenboote, Thorbecke, Ostfildern 2011

Anita von Saan: 365 Experimente für jeden Tag, moses Verlag 2002

Hilke Steinecke, Imme Meyer: Kleine botanische Experimente, Verlag Harri Deutsch, Frankfurt a. M. 2005

Susanne Stöcklin-Meier: Naturspielzeug, Ravensburger Buchverlag 1997

Markus Strauß: Köstliches aus Waldbäumen, Hädecke, Köln 2012

Reinhard Witt: Mit Kindern in der Natur, Herder, Freiburg im Breisgau 2003

Tove Yde: Grünholz schnitzen, Verlag Th. Schäfer, Hannover 2003

（原版参考文献资料）